目 錄

材料提供

INAZUMA（植村株式會社）
京都府京都市上京區上長者町通黑門東入杉本町459
TEL 075-415-1001

Captain株式會社
大阪府大阪市阿倍野區阪南町1-7-15
TEL 06-6622-0241

Clover株式會社
大阪府大阪市東成區中道3-15-5
TEL 06-6978-2277（客服中心）

COSMO TEXTLE株式會社
（總公司）大阪府大阪市中央區久太郎町2-5-13
　　　　　TEL 06-6258-0471
（東京）東京都涉谷區涉谷1-1-8
　　　　青山鑽石大樓5F
　　　　TEL 03-5774-9127

Sun olive株式會社
東京都中央區日本橋馬喰町2-2-16
TEL 03-5652-3761

株式會社三景Home Craft事業部
TEL 03-5833-4871

Hamanaka株式會社
（京都總公司）京都府京都市右京區花園藪之下町2番地之3
　　　　　　TEL 075-463-5151
（東京分公司）東京都中央區日本橋濱町1丁目11番地10號
　　　　　　TEL 03-3864-5151

株式會社松田輪商店
（總公司）大阪府大阪市中央區瓦町2-5-4
　　　　　TEL 06-6201-5151
（東京）東京都中央區日本橋濱町2-35-7 島鶴大樓6F
　　　　TEL 03-3666-3540
※松田輪商店的布料也可在「木棉屋NANAKO」購買
木棉屋NANAKO
TEL‧FAX 06-6386-2180

Moonstone株式會社
東京都中央區日本橋人形町3-13-2
TEL 03-3663-9881

株式會社安田商店
東京都荒川區東日暮里3-28-5
TEL 03-3803-1656

株式會社LECIEN 藝術嗜好事業部
京都府京都市伏見區竹田鳥羽殿町15
TEL 075-623-3805

攝影協助

COUNTRY-SPICE
東京都世田谷區奧澤7-4-12
TEL 03-3705-8444

Staff
編輯＊矢口佳那子 石井君江
攝影＊小松YASUNORI 腰塚良彥
排版＊松原優子
插圖＊白井郁美

收納包

通勤或外出時,你是否常將外出包包塞得滿滿的呢?
這時你需要便利的收納包。收納包除了可以分裝物品、
方便攜帶,還可以當作服裝搭配的重點。當然,單背
收納包也一樣可愛。

1 小紅花布包

外觀是可愛的蛋形,材質則是法蘭絨
的柔軟布料。皮革提把與卡其色的蕾
絲調和了整體色調。

✿

【作法】第34頁

材料提供
布料(表布)＊LECIEN
提把＊Sun Olive
蕾絲＊Hamanaka

製作＊小林浩子

2 小圓點的藍色布包

3 同花色的手機袋

外形和作品1相同。提把則是選用跟袋身相同的布料縫製而成,再與同花色的手機袋配成一套。小圓點的燈芯絨布料搭配兩種蕾絲做裝飾,讓包包呈現清爽的氣息。

❉

【作法】

2 包包…第35頁

3 手機袋…第80頁

材料提供
布料(表布)＊LECIEN
蕾絲＊Hamanaka

製作＊小林浩子

4 水果圖案的單肩包

5 同花色的面紙袋

包包上附有的大袋蓋可以避免包包裡
的東西掉出。梯形的袋身設計顯得穩
重大方,不過搭配上有蘋果、西洋梨
圖案的布料卻又顯得可愛極了。另有
同色的面紙袋可以搭配成套。

✿

【作法】

材料提供
布料＊Home Craft
鈕扣＊Clover

製作＊千葉美枝子

6 花團錦簇的收納包

外型呈現背心形狀的獨特收納包。如果將提把重疊提拿，包包又會呈現出另一種風情喔！

✿

【作法】第37頁

材料提供
布料（表布）＊Home Craft
製作＊千葉美枝子

內側使用相同布料。

7 條紋×圓點布包

8 花朵×圓點布包

簡單的扁平式包包,利用色彩鮮豔的
條紋布、圓點布、花紋布,分別以
直、橫向的拼接方式縫製而成。

❀

【作法】第38頁

材料提供
布料＊LECIEN

製作＊福田美穗

材料提供
布料（表布）＊Moonstone
提把＊Sun Olive
製作＊吉田敬子

9 大格紋收納包

用藍與白的大格紋布料所縫製出的色彩鮮明包包，襠邊很寬、容量大。最後再縫上現成的提把，替包包增添正式的感覺。

❀

【作法】第39頁

午餐袋

適合午休時使用的包包非小袋子莫屬！
只需裝進錢包、手機、以及正在閱讀的口袋書，
我們就能輕便地出門用餐了。

袋子內側附有方便的暗袋。

10　　　　　**11**

正方形迷你袋

使用格紋與花朵圖案的布料縫製成正
方形的扁包，於袋子外側縫上徽章作
重點裝飾。如果將袋子內裡布料變成
表布布料還可以一袋兩款。

❖

【作法】第40頁

材料提供
布料＊LECIEN
徽章＊Hamanaka

製作＊西村明子

今天就拿這個袋子出門吧！

12

13

寬底迷你托特包

擁有寬底部的小巧午餐袋。使用花朵圖案的黑色布料、以及細格子圖紋的白色棉布，讓兩個包包呈現風格迥異的兩種午餐袋。

材料提供
布料＊LECIEN
徽章＊Hamanaka
製作＊西村明子

現在外出購物時，使用自己的環保袋取代傳統塑膠袋已經變成一種新趨勢了。
為了守護地球資源，讓我們一起收集各種環保袋吧！

14 大小格紋的環保袋

長形的環保袋較方便裝入長型的物品。大小格紋布料的組合則是包包外型的重點。包包外側還貼心地附上方便置入購物清單的小口袋。

❖

【作法】第42頁

材料提供
布料＊安田商店
提把織帶＊INAZUMA

製作＊福田美穗

收納力絕佳。

15　多色格紋托特包

材料提供
布料＊Home Craft

製作＊福田美穗

此為經典的托特包款式，利用格紋與
素面的雙面布料縫製而成。附上可以
肩背的長提把，再加上寬底的設計，
使人可以安心購物。

❖

【作法】第44頁

製作＊酒井三菜子

為了補強提把的部
分，特別於提把內
側加縫補強布。

16

17

滾邊裝飾環保袋

此為提把和袋身一體成型的環保袋，
並以滾邊裝飾袋緣。將碎花圖案搭配
白色滾邊，而素面布料則搭配格紋滾
邊。

＊

【作法】第46頁

材料提供
布料（素面）＊安田商店
滾邊＊Captain

製作＊酒井三菜子

18

19
多色格紋環保袋

棉質的多色格紋環保袋適用於任何季節。外形宛如購物袋的環保袋有著方便提握的細提把、方便裝東西的大袋口。接下來只要看好食譜,就可以帶著它外出採買晚餐食材了。

❖

【作法】第49頁

材料提供
布料＊Moonstone
滾邊＊Captain
緞帶＊Hamanaka

製作＊酒井三菜子

食譜＊COUNTRY SPICE

材料提供
布料＊Moonstone
花邊織帶＊Hamanaka
製作＊吉澤瑞惠

21
包袱造型
環保袋

20
包袱造型
迷你包

宛如包袱形狀的小提包，附有寬底的
設計增加了收納能力。提把可以調成
方便使用的長度。外出採買時，只要
將作品21摺小和錢包一起放入作品20
中，結帳後，再將採買的東西放入作
品21裡即可。

❀

【作法】第47頁

材料提供
布料＊COSMO TEXTLE
製作＊吉澤瑞惠

收納時，請將整個包包收納至內側口袋裡。

收納後的樣子

可收納式環保袋

22

23

側邊有襠邊，厚度足。

尼龍材質的環保袋可以收納成小體積，方便隨身攜帶。尼龍布的重量非常輕，而且還經過撥水加工處理，是購物時的最佳伙伴。收納方式於本書第51頁。

❖

【作法】第50頁

輕便包

只是到附近走走時，大包包反而會礙手礙腳的，這時候小巧的輕便包就能派上用場了。
些許布料就能完成的輕便包，縫製過程既簡單又輕鬆。

24

25

一體成型迷你包

圓筒狀的袋身搭配亞麻與格紋布縫製
而成的包包。在兩個包包上分別縫上3
個直排與橫排的貝殼紐扣，如此簡潔
的裝飾反而讓包包更顯可愛。

❖

【作法】第52頁

材料提供
布料（表布）＊COSMO TEXTLE
鈕扣＊Clover

製作＊西村明子

材料提供
布料（表布）＊COSMO TEXTLE
圓繩、織帶＊Hamanaka

重現自然風格的條紋與格紋扁袋，使
用雙層棉紗布做內裡，使袋子散發出
柔和的感覺。將圓繩穿過袋子當提
把，再縫上小巧的織帶標籤作為裝飾
重點。

❖

【作法】第54頁

雙層棉紗迷你包

26

27

17

内裡也很可愛喔!

29包包的內裡

29
雙面復古包

28
零錢包造型迷你包

兩款圓鼓鼓外型的可愛包包。作品28
是零錢包造型的迷你包,作品29則是
可雙面使用的復古包。兩者皆選用格
紋搭配圓點圖案的棉紗布組合。

❖

【作法】
28…第53頁　29…第56頁

材料提供
布料＊LECIEN
圓繩、織帶＊Hamanaka
斜布條＊Captain

製作＊小林浩子

30

購物袋造型迷你包

31

材料提供
布料（素面）＊COSMO TEXTLE
徽章、織帶＊Hamanaka

製作＊小林浩子

利用亞麻布搭配格紋布縫製而成的購物袋。在迷你包的袋口作打摺設計，角落還縫上徽章，這些設計替包包增添了女性柔美氣息。

❋

【作法】第55頁

才藝包

方便好用的才藝課專用包包。
讓才藝包陪你渡過下班後或假日的快樂又充實的上課時光。

32
素雅花紋
才藝包

將北歐風格的印花布縫製成容量大的
長型包包。大尺寸的課本或筆記簿都
可以收納其中，而包包正面還附有可
收納筆的口袋。

＊

【作法】第57頁

材料提供
布料＊Home Craft
提把＊Sun Olive

製作＊千葉美枝子

20

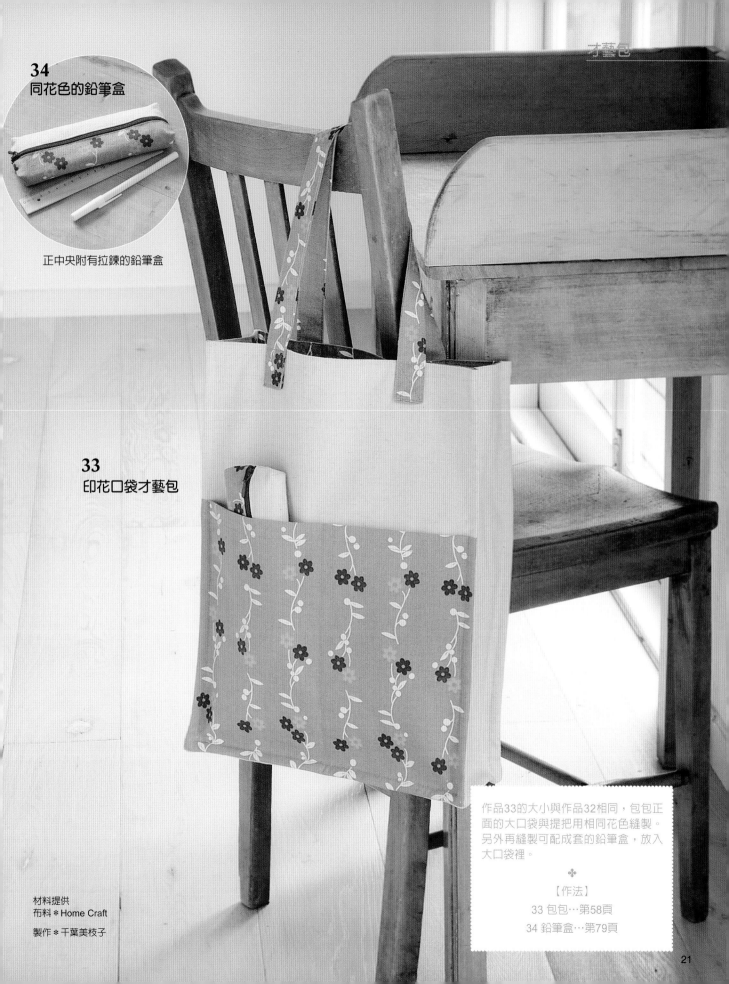

34
同花色的鉛筆盒

正中央附有拉鍊的鉛筆盒

33
印花口袋才藝包

作品33的大小與作品32相同,包包正面的大口袋與提把用相同花色縫製。另外再縫製可配成套的鉛筆盒,放入大口袋裡。

❖

【作法】
33 包包…第58頁
34 鉛筆盒…第79頁

材料提供
布料＊Home Craft

製作＊千葉美枝子

變成托特包的模樣。

材料提供
提把＊INAZUMA
製作＊西村明子

35
兩用托特包

只要將包包上的線環套在鈕扣上，袋口就可以變成蓋子使用。下課回家時，如果東西變多就可以解開線環，直接當托特包使用。

❀

【作法】第64頁

36
拉鍊托特包

休閒運動類的才藝課需要能夠裝替換
衣物及毛巾的包包。方便的拉鍊設
計，替你保護袋子裡的隱私。

❋

【作法】第60頁

材料提供
布料＊Home Craft

製作＊西村明子

當你要外出逛街時，
想不想讓包包成為服裝搭配的要角呢？
帶著心愛的包包出門，一整天都會是好心情。

37
胸花裝飾淑女包

附可拆式胸花的包包所使用的是北歐
風的雪花圖案布料。圓弧的造型散發
出溫暖的氣息。

❄

【作法】第62頁

材料提供
布料（表布）＊Moonstone
提把＊INAZUMA

製作＊金丸KAHORI

38
膨膨打摺包

材料提供
布料（表布）＊Moonstone
提把＊INAZUMA

製作＊金丸KAHORI

牛奶咖啡碗＊COUNTRY SPICE

只要束起包包側邊的緞帶就能產生一
波波的摺紋，圓滾蓬鬆的款式讓大格
紋包包顯得更加可愛。假日的午後時
分，你可以帶著它到咖啡館享受悠閒
時光。

＊

【作法】第65頁

39
時尚格紋外出包

橫長型的格紋包在側邊與袋蓋特別將
格紋布斜縫，讓整體看起來更顯立
體。寬版的襠邊設計，大幅增加了包
包的容量。

❖ 【作法】第66頁

材料提供
布料（表布）＊松田輪商店
製作＊金丸KAHORI

26

40 燈芯絨方型包包

時尚的藏青色燈芯絨包包，形狀宛如
裁成對半的紙袋。內側使用的格紋布
料，讓包包感覺略帶學院風格。

❀

【作法】第68頁

材料提供
布料（表布）＊松田輪商店
製作＊金丸KAHORI

趁著天氣晴朗，出門散步吧！
散步的時候要邁開步伐、擺動雙手，
所以最適合背斜背包了。

掀開袋蓋，
內側有方便使用的口袋。

41
牛仔布斜背包

善用壓縫線效果的牛仔布斜背包。在
裁剪布料前，先將布料下水洗過，把
二手牛仔布的風格引出來。背包揹帶
加上D扣環後，就變成可調整式揹帶
了。袋口部分則是巧妙地利用布邊，
作法也很簡單。

【作法】第70頁

製作＊吉田敬子

42 壓線格紋斜背包

使用方便的隨身款斜背包，由亞麻材質的鋪棉布以及素雅的布料組合而成，揹帶部分可調整成自己喜好的長度，而揹帶打結處則發揮了畫龍點睛的裝飾效果。

❋

【作法】第72頁

材料提供
布料＊COSMO TEXTLE
製作＊千葉美枝子

大包包

在攜帶物品繁雜的日子裡，能容納全部物品的大包包是好伙伴。
超大容量的設計，可以放入許多的東西，連短期旅行也相當適用。

包包內側

43 拼接式大托特包

圓點印花布與牛仔布的雙面布料，拼
縫成大大的外出包。接著再縫上方便
提握的市售提把後，用起來更方便
了。

❄

【作法】第74頁

材料提供
布料＊Home Craft
提把＊INAZUMA

製作＊吉田敏子

整個包包攤平後

44 條紋大包包

有著寬襠邊的條紋包包,搭配上長提把的設計,方便我們將包包背在肩上使用。袋口的左右邊縫上布條,可依個人喜好作打結裝飾。

✤

【作法】第76頁

材料提供
布料＊安田商店
製作＊吉田敬子

🍱 包包裡的小包包

完成了世上獨一無二的包包後,接下來再縫製包包裡的小物吧!你可以參考大包包的色彩及款式,然後與小物配成套使用。

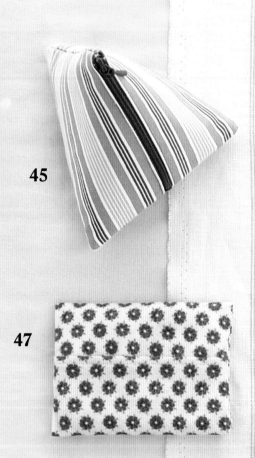

45

47

46

48

45 小包包

三角形且別具風格的小包包,充分發揮了條紋布的特色。

❦

【作法】第78頁

46 手機袋

圓弧形狀的可愛小提袋,掛在包包的提把上還可以當作裝飾品。

❦

【作法】第80頁

47 面紙袋

面紙袋的材料只需要一小塊布,而且縫製方法非常簡單。

❦

【作法】第78頁

48 鉛筆盒

這一款大小的鉛筆盒最適合隨身攜帶了。

❦

【作法】第79頁

材料提供
45、47 / 布料＊LECIEN
46 / 布料＊Moonstone
　　　蕾絲＊Hamanaka
48 / 布料＊Home Craft

古典鑰匙＊COUNTRY SPICE

縫製前的基本知識

製圖標示與裁剪方式

本書的製圖、紙型均未包含縫份。縫份尺寸請依照各裁剪圖的指示，先加上縫份後再裁剪布料。

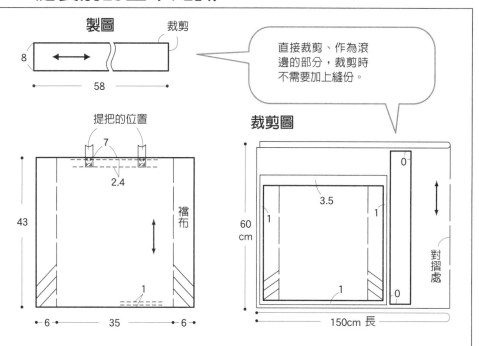

製圖

裁剪

8

58

直接裁剪、作為滾邊的部分，裁剪時不需要加上縫份。

提把的位置

7

2.4

43

襠布

1

6　　35　　6

裁剪圖

0

3.5

60 cm

1　　　　1

對摺處

0

1

150cm 長

製圖符號

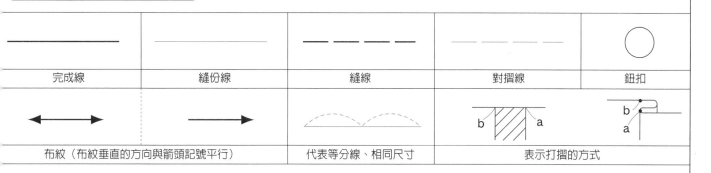

完成線	縫份線	縫線	對摺線	鈕扣
布紋（布紋垂直的方向與箭頭記號平行）		代表等分線、相同尺寸	表示打摺的方式	

b　a

b　a

車縫的縫法與重點

起縫點與止縫點，分別縫上回針縫。方式是在相同的縫線上，重複車縫2～3次。

長0.5～1cm的回針縫

（背面）

重複車縫2～3次 （背面）

基本手縫技巧

縫線不露出表面的針縫（藏針縫）技巧

（正面）
0.2～0.4

完成線

針距0.2～0.4cm之間

（正面）
0.2～0.4

完成線

針距0.2～0.4cm之間

針距較小的平針縫

0.2　（背面）

平針縫

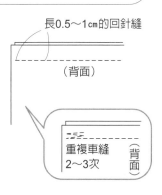

（背面）　0.3～0.4　0.3～0.4

藏針縫

斜布條

0.3～0.4（背面）

以藏針縫縫合剩下的地方

0.1

0.3～0.4（正面）

※ 本書所有圖示無特別標示的長度單位皆為公分。

作法

■作品 1 的材料■

A 布（棉質法蘭絨、花朵圖案）長 70 ㎝寬 40 ㎝
B 布（棉布、素面）長 70 ㎝寬 40 ㎝
膠布襯長 70 ㎝寬 40 ㎝
蕾絲長 70 ㎝寬 2.2 ㎝
提把（皮革、寬 1.5 ㎝長 40 ㎝） 1 組
25 號繡線（卡其色）
●完成尺寸 長 32 ㎝ × 寬 30 ㎝

製圖

提把（皮革製的提把1組）

針趾幅度 = 0.2

1.5

40

表布（A布2片 / 膠布襯2片）

裡布（B布2片）

提把的位置

2　7　7
10　3　10
32
蕾絲
9　5　2
4
30

B布
膠布襯
A布
蕾絲

A 布的裁剪圖

□ = 燙貼膠布襯的位置

對摺處　（正面）

40 cm

1
袋布

70cm 長

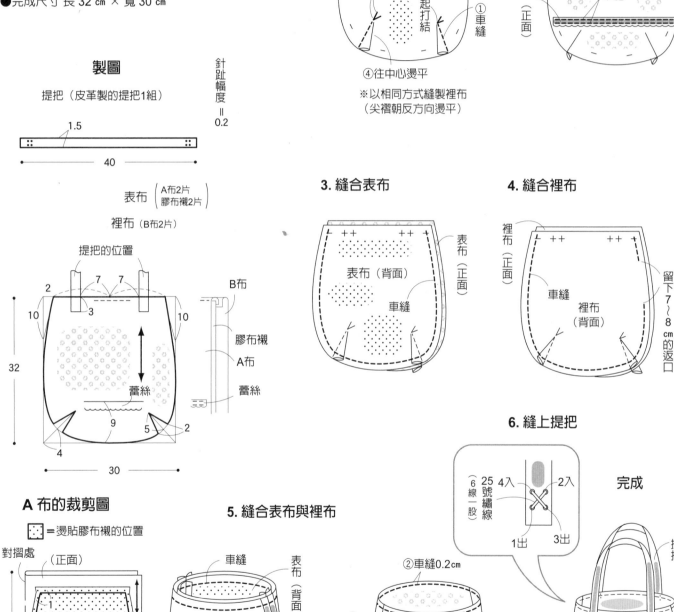

1. 縫出尖褶

表布（背面）

膠布襯
③留2～3㎝，然後剪斷
②兩條線一起打結
①車縫
④往中心燙平

※以相同方式縫製裡布
（尖褶朝反方向燙平）

2. 縫上蕾絲

表布（正面）
蕾絲（正面）
車縫

3. 縫合表布

表布（背面）
表布（正面）
車縫

4. 縫合裡布

裡布（正面）
裡布（背面）
車縫
留下 7～8 ㎝的返口

5. 縫合表布與裡布

車縫
表布（背面）
裡布（背面）
打開縫份

②車縫0.2㎝
①用藏針縫縫合返口
裡布（正面）
翻至正面

6. 縫上提把

25號繡線
（6線一股）
4入　2入
1出　3出

完成

提把

製圖

■**作品2的材料**■
A布（燈芯絨、圓點圖案）長 100 ㎝寬 45 ㎝
B布（棉布、格紋）長 70 ㎝寬 40 ㎝
膠布襯 長 70 ㎝寬 40 ㎝
蕾絲 A 長 70 ㎝寬 1.2 ㎝
蕾絲 B 長 70 ㎝寬 1.4 ㎝
●完成尺寸 長 32 ㎝ × 寬 30 ㎝
●袋布的製圖與第 2 頁的作品 1 相同。（請參見第 34 頁）
●A 布朝同方向裁剪布片。

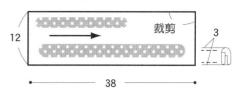

針跡幅度 ＝ 0.2

提把（A布2片）

裁剪

12　　　　　　　3

38

表布（A布2片 / 膠布襯2片）

裡布（B布2片）

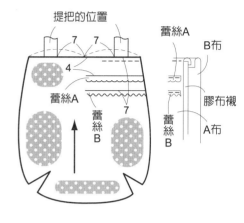

提把的位置
7　7
4
蕾絲A
蕾絲A
蕾絲B
7
蕾絲B
蕾絲A
B布
膠布襯
蕾絲B
A布

A 布的裁剪圖

□∴ ＝燙貼膠布襯的位置

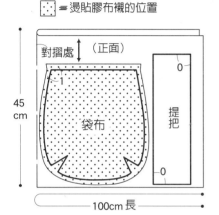

對摺處　（正面）

45 ㎝

袋布

提把

0

0

100cm 長

B 布的裁剪圖

對摺處　（正面）

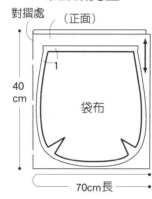

40 ㎝

袋布

70cm 長

作法

1 ～ 4 的步驟請參見第 34 頁

5. 縫製提把

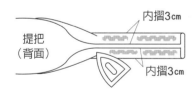

提把（背面）

內摺3㎝

內摺3㎝

對摺　（正面）

3　　車縫0.2㎝

完成

6. 縫合表布與裡布

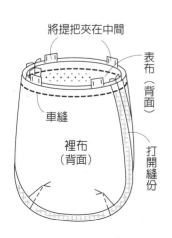

將提把夾在中間

表布（背面）

車縫

裡布（背面）

打開縫份

7. 翻至正面、用藏針縫縫合返口，再縫合袋口

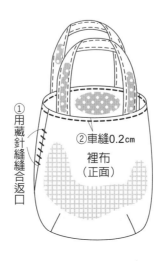

①用藏針縫縫合返口

②車縫0.2㎝

裡布（正面）

製圖

■**作品 4 的材料**■

A 布（棉麻帆布、水果圖案）長 70 ㎝ 寬 40 ㎝

B 布（棉布、格紋）長 90 ㎝ 寬 50 ㎝

鈕扣 直徑 1.5 ㎝ 1 個

●完成尺寸 長 32 ㎝ × 寬 30 ㎝

袋蓋
（B布2片）

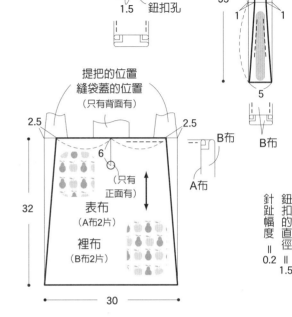

提把
（B布2片）

提把的位置
縫袋蓋的位置
（只有背面有）

表布
（A布2片）

裡布
（B布2片）

鈕扣的直徑
針趾幅度
0.2
1.5

A 布的裁剪圖

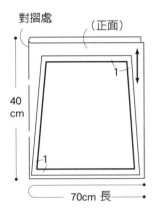

40
cm

70cm 長

對摺處

（正面）

B 布的裁剪圖

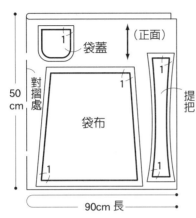

袋蓋

50
cm

對摺處

（正面）

袋布

提把

90cm 長

作法

1. 縫合表布

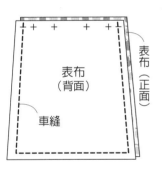

表布
（背面）

表布
（正面）

車縫

2. 縫合裡布

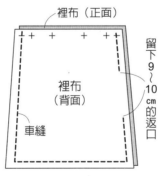

裡布（正面）

裡布
（背面）

車縫

留下9~10 cm 的返口

3. 縫製袋蓋

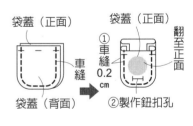

袋蓋（正面）

袋蓋（背面）

車縫

袋蓋（正面）

①車縫0.2 cm

②製作鈕扣孔

翻至正面

4. 縫製提把

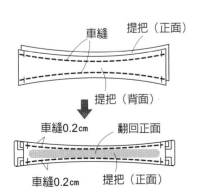

車縫

提把（正面）

提把（背面）

車縫0.2cm

翻回正面

車縫0.2cm

提把（正面）

5. 縫合表布與裡布

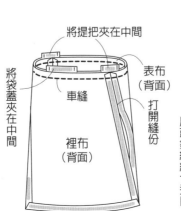

將提把夾在中間

將袋蓋夾在中間

表布（背面）

打開縫份

車縫

裡布
（背面）

6. 翻至正面、用藏針縫縫合返口

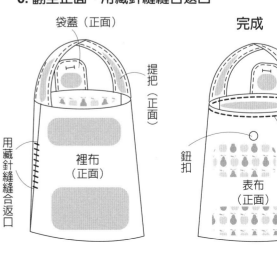

袋蓋（正面）

提把（正面）

用藏針縫縫合返口

裡布
（正面）

7. 縫合袋口、縫上鈕扣

完成

鈕扣

車縫0.2 cm

表布
（正面）

製圖

■作品6的材料■
A 布（棉麻帆布、花朵圖案）長 1m 寬 45 cm
B 布（棉布、圓點圖案）長 1m 寬 45 cm
●完成尺寸 長 42 cm × 寬 36 cm × 厚 6 cm

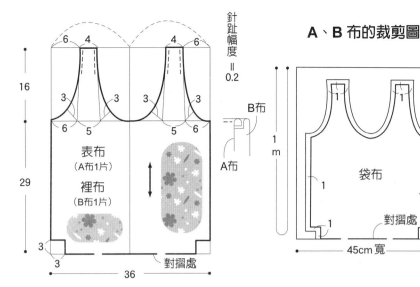

針趾幅度 = 0.2

B布
A布

16
29
3
3
36
對摺處

表布（A布1片）
裡布（B布1片）

A、B 布的裁剪圖

（正面）
1m
袋布
對摺處
45cm 寬
1 1 1 1

作法

1. 縫合表布與裡布

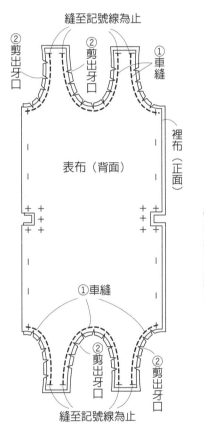

縫至記號線為止
②剪出牙口
②剪出牙口
①車縫
裡布（正面）
表布（背面）
①車縫
②剪出牙口
②剪出牙口
縫至記號線為止

2. 縫合脇邊

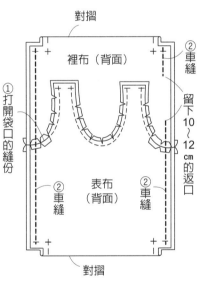

對摺
裡布（背面）
②車縫
②車縫
①打開袋口的縫份
表布（背面）
②車縫
②車縫
留下10~12 cm的返口
對摺

3. 縫襠布（側邊底部）

脇線
3 3
表布（背面）
車縫

※以相同方式縫製裡布

4. 翻至正面、用藏針縫縫返口

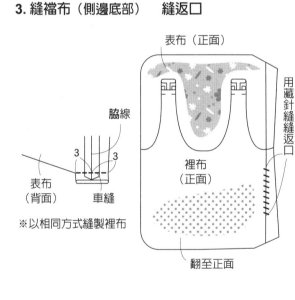

表布（正面）
裡布（正面）
用藏針縫縫縫返口
翻至正面

5. 縫合提把

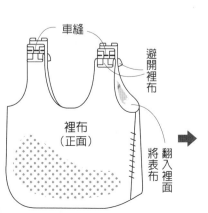

車縫
裡布（正面）
避開裡布
將表布翻入裡面

藏針縫
裡布（正面）
翻入裡面

6. 縫合袋口、縫合提把的周圍

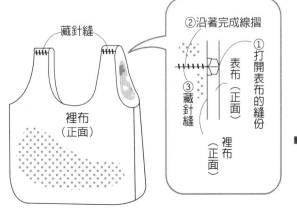

②沿著完成線摺
表布（正面）
③藏針縫
①打開表布的縫份
裡布（正面）

完成

車縫 0.2 cm
表布（正面）

■作品 **7** 的材料■

A 布（棉布、條紋圖案）長 70 ㎝ 寬 30 ㎝
B 布（棉布、圓點圖案）長 1m 寬 45 ㎝
膠布襯 長 70 ㎝ 寬 45 ㎝
●完成尺寸 長 33 ㎝ × 寬 27 ㎝

■作品 **8** 的材料■

A 布（棉布、圓點圖案）長 50 ㎝ 寬 40 ㎝
B 布（棉布、花朵圖案）長 1m 寬 60 ㎝
膠布襯 長 40 ㎝ 寬 40 ㎝
●完成尺寸 長 33 ㎝ × 寬 27 ㎝

作法

1. 縫製表布

NO.7

NO.8

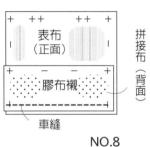

4. 縫製提把

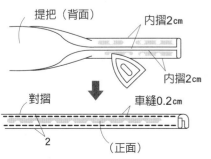

提把（背面）　內摺2cm

內摺2cm

對摺　車縫0.2cm

2　（正面）

---

7 的製圖

縫提把的位置

11　0.2

表布
（A布2片
膠步襯2片）

33

9　（B布2片
膠布襯2片）

27

B布
A布
膠布襯

8 的製圖

縫提把的位置

11　0.2

表布
（A布2片
膠布襯2片）

33

B布2片
膠布襯2片
11
27

7、8 的製圖

A布
膠布襯
B布

提把（B布2片）　不留縫份

8　42　0.2　2

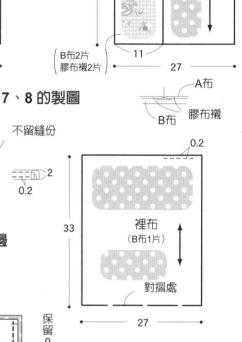

裡布
（B布1片）

33

對摺處

27

0.2

---

2. 縫合表布的脇邊、底線

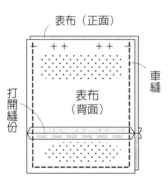

表布（正面）

打開縫份

表布（背面）

車縫

3. 縫合裡布的脇邊

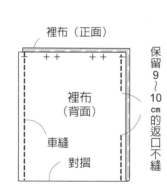

裡布（正面）

裡布（背面）

車縫　對摺

保留9～10㎝的返口不縫

5. 縫合表布與裡布

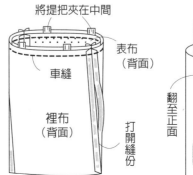

將提把夾在中間

表布（背面）

車縫

裡布（背面）

打開縫份

6. 翻至正面、用藏針縫縫合返口

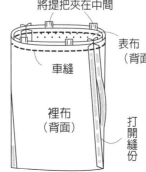

翻至正面

裡布（正面）

用藏針縫縫合返口

7. 縫合袋口

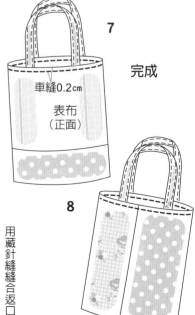

7

車縫0.2㎝

表布（正面）

完成

8

■**作品 9 的材料**■

A 布（棉布、大格紋圖案）長 80 ㎝寬 40 ㎝
B 布（棉布、小格紋圖案）長 80 ㎝寬 40 ㎝
膠布襯 長 80 ㎝寬 40 ㎝
提把（皮革寬 2.5 ㎝長 38 ㎝） 1 組
25 號繡線（焦褐色）
●完成尺寸 長 32 ㎝ × 寬 24 ㎝ × 厚 6 ㎝

A、B 布的裁剪圖

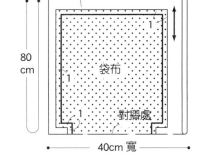

(正面)

80 cm

袋布

40cm 寬

對摺處

製圖

針趾幅度 = 0.2

提把（皮革製的提把1組）

2.5

38

提把的位置

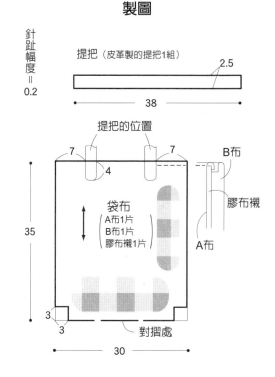

7 ┃ 4 ┃ 7 ┃ B布

膠布襯

35

袋布
A布1片
B布1片
膠布襯1片

A布

3

3 對摺處

30

作法

⬚ = 燙貼膠布襯的位置

1. 縫合表布的脇邊

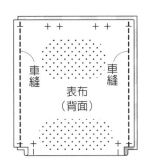

車縫 ── 車縫

表布（背面）

2. 縫合裡布的脇邊

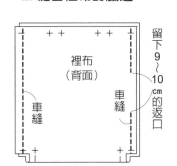

裡布（背面）

車縫 ── 車縫

留下 9～10 ㎝的返口

3. 縫襠布（側邊底部）

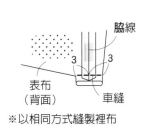

脇線

3 ┃ 3

表布（背面） ── 車縫

※以相同方式縫製裡布

4. 縫合表布與裡布

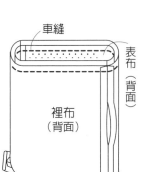

車縫

裡布（背面）

表布（背面）

5. 翻至正面、用藏針縫縫合返口

裡布（正面）

翻至正面

用藏針縫縫縫合返口

6. 縫合袋口

完成

(正面) 表袋

①車縫0.2cm

②縫上提把（繡線、6線一股）

⬚ = 燙貼膠布襯的位置

第 6 頁作品 7 的 A 布裁剪圖

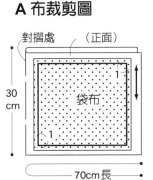

對摺處 (正面)

30 cm

袋布

70cm 長

第 6 頁的作品 7 的 B 布裁剪圖

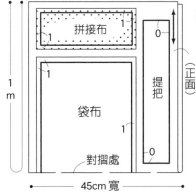

拼接布

1 m

袋布

提把

對摺處

45cm 寬

第 6 頁作品 8 的 A 布裁剪圖

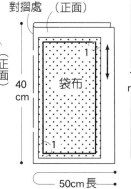

對摺處 (正面)

40 cm

袋布

50cm 長

第 6 頁作品 8 的 B 布裁剪圖

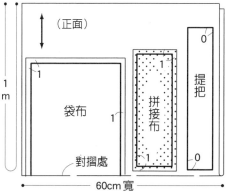

(正面)

1 m

袋布

拼接布

提把

對摺處

60cm 寬

■作品 **10** 的材料■
A 布（棉布、格紋圖案）長 70 cm寬 35 cm
B 布（棉布、花朵圖案）長 50 cm寬 50 cm
膠布襯 長 50 cm寬 30 cm
熱燙式徽章（4 cm ×3.3 cm）1 片
●完成尺寸 長 22 cm × 寬 22 cm

■作品 **11** 的材料■
A 布（棉布、花朵圖案）長 70 cm寬 35 cm
B 布（棉布、格紋圖案）長 50 cm寬 50 cm
膠布襯 長 50 cm寬 20 cm
熱燙式徽章（3.4 cm ×2.8 cm）1 片
●完成尺寸 長 22 cm × 寬 22 cm

製圖

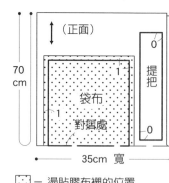

針趾幅度 ＝ 0.2

提把（A布2片）　裁剪

1.5

6

28

表布（A布1片、膠布襯1片）
裡布（B布1片）

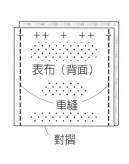

提把的位置

5　5
4
7　7
10　1.5
22
22

B布
膠布襯
A布
內口袋（B布1片）

A 布的裁剪圖

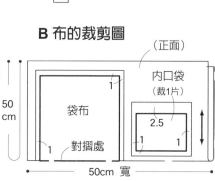

（正面）

70 cm

袋布 對摺處
提把
1
1
0
0

35cm 寬

[ᐧᐧᐧ] = 燙貼膠布襯的位置

B 布的裁剪圖

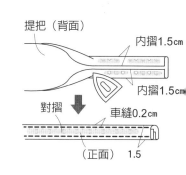

（正面）

50 cm

袋布 對摺處
內口袋（裁1片）
1
1　1
2.5
1

50cm 寬

作法

1. 縫製、縫上內口袋

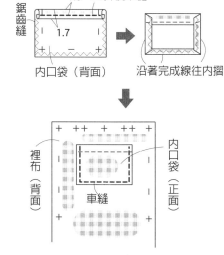

1.5　三折後車縫
鋸齒縫
1.7
內口袋（背面）
沿著完成線往內摺

裡布（背面）　內口袋（正面）
車縫

2. 縫合表布的脇邊

表布（背面）
車縫
對摺

3. 縫合裡布的脇邊

裡布（背面）
車縫
對摺
留下 7～8 cm 的返口

4. 縫製提把

提把（背面）
內摺1.5cm
內摺1.5cm
對摺
車縫0.2cm
（正面）
1.5

5. 縫合表布與裡布

將提把夾在中間
表布（背面）
打開縫份
車縫
裡布（背面）

6. 翻至正面、用藏針縫縫合返口，縫合袋口

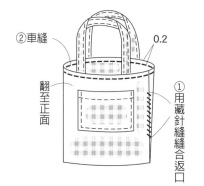

②車縫
0.2
翻至正面
①用藏針縫縫合返口

7. 燙貼徽章

完成

11

用熨斗燙貼徽章
2.5

10

2.5

製圖

A 布的裁剪圖

■**作品 12 的材料**■
A 布（棉布、花朵圖案）長 70 cm 寬 35 cm
B 布（棉布、素面）長 45 cm 寬 30 cm
膠布襯 長 45 cm 寬 25 cm
●完成尺寸 長 15.5 cm × 寬 16 cm × 厚 5 cm

■**作品 13 的材料**■
A 布（鬆餅格紋棉布、素面）長 70 cm 寬 35 cm
B 布（棉布、花朵圖案）長 45 cm 寬 30 cm
膠布襯 長 45 cm 寬 25 cm
熱燙式徽章（5.5 cm × 5.5 cm）1 片
25 號繡線（胭脂紅、綠松石藍）
●完成尺寸 長 15.5 cm × 寬 16 cm × 厚 5 cm

提把（A布2片）
裁剪
6
28
1.5
表布
（A布1片
膠布襯1片）
裡布（B布1片）
B布
膠布襯
A布

針趾幅度 ＝ 0.2

提把的位置
4　4
18
2.5
2.5　對摺處
21

（正面）
70 cm
0
提把
袋布
0
1　1
對摺處　1
35cm 寬
⊡ = 燙貼膠布襯的位置

A 布的裁剪圖
45 cm
1　1
對摺處
1　1
30cm 寬

作法

1. 繡上刺繡
（只有No.13有刺繡）

①燙貼徽章
表布（正面）
7
4
②繡上刺繡

2. 縫合表布的脇邊

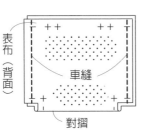

表布（背面）
車縫
對摺

3. 縫合裡布的脇邊

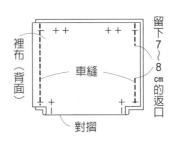

裡布（背面）
車縫
對摺
留下 7〜8 cm 的返口

4. 縫襠布（側邊底部）

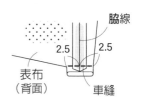

脇線
2.5　2.5
表布（背面）
車縫

※以相同方式縫製裡布

5. 縫製提把

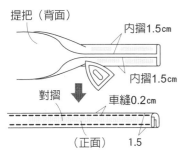

提把（背面）
內摺1.5cm
內摺1.5cm
對摺
車縫0.2cm
（正面）
1.5

6. 縫合表布與裡布

將提把夾在中間
表布（背面）
車縫
裡布（背面）

7. 翻至正面、用藏針縫縫合返口、袋口

①用藏針縫縫合返口
②車縫0.2cm

完成

13
翻至正面
12

作品 13 的原寸大小圖案

※刺繡方法，請參見第69頁。

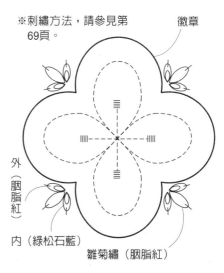

徽章
外（胭脂紅）
內（綠松石藍）
雛菊繡（胭脂紅）

※所有的刺繡皆使用25號繡線（3線一股）

■作品 14 的材料■

A 布（棉布、大格紋圖案）長 85 cm 寬 60 cm
B 布（棉布、小格紋圖案）長 85 cm 寬 85 cm
膠布襯 長 85 cm 寬 85 cm
織帶 長 1m 寬 2.5 cm
●完成尺寸 長 38 cm × 寬（袋口）約 36 cm × 底 12 cm

A 布的裁剪圖

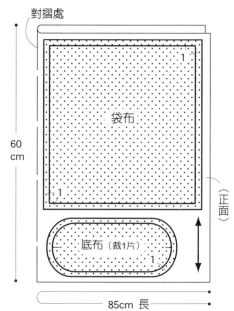

製圖

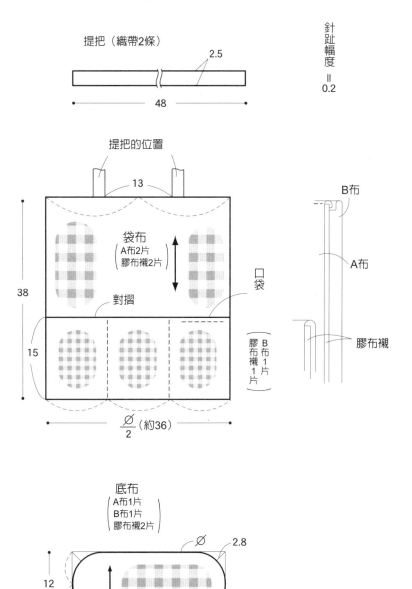

提把（織帶2條）

2.5

48

針趾幅度 ＝ 0.2

[: :] = 燙貼膠布襯的位置

B 布的裁剪圖

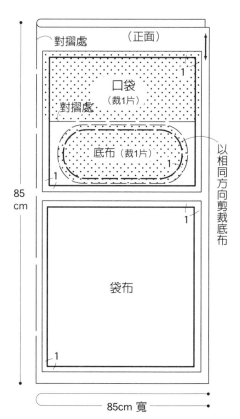

作法

1. 縫製、縫上口袋

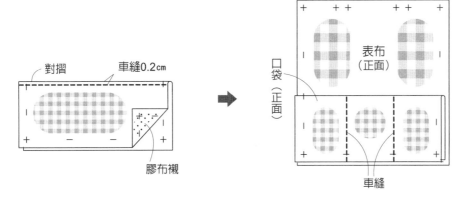

對摺　　　　車縫0.2cm

膠布襯

口袋（正面）　　表布（正面）

車縫

2. 縫合表布的脇邊

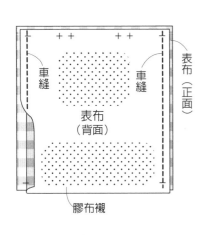

車縫　　　　車縫

表布（正面）

表布（背面）

膠布襯

3. 縫合裡布的脇邊

裡布（正面）

裡布（背面）

車縫　　　　車縫

留下10～12cm的返口

4. 縫合袋布與底布

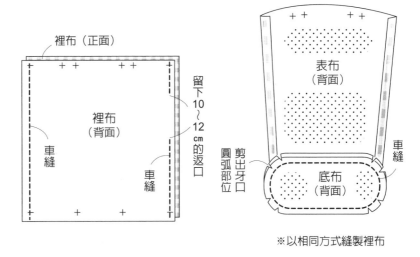

表布（背面）

剪出牙口圓弧部位

底布（背面）

車縫

※以相同方式縫製裡布

5. 縫合表布與裡布

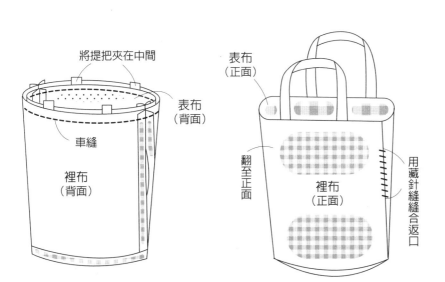

將提把夾在中間

車縫

表布（背面）

裡布（背面）

6. 翻至正面、用藏針縫縫合返口

表布（正面）

翻至正面

裡布（正面）

用藏針縫縫合返口

7. 縫合袋口

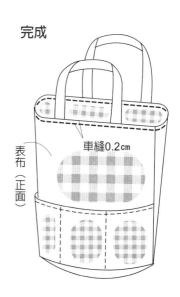

完成

車縫0.2cm

表布（正面）

■作品 15 的材料■
A 布（11 號雙面帆布、格紋圖案&素面）長 1m 寬 85 ㎝
●完成尺寸 長 31 ㎝ × 寬 30 ㎝ × 厚 14 ㎝
● B 布為 A 布的背面。（A 布為雙面布）

A、B 布的裁剪圖

製圖

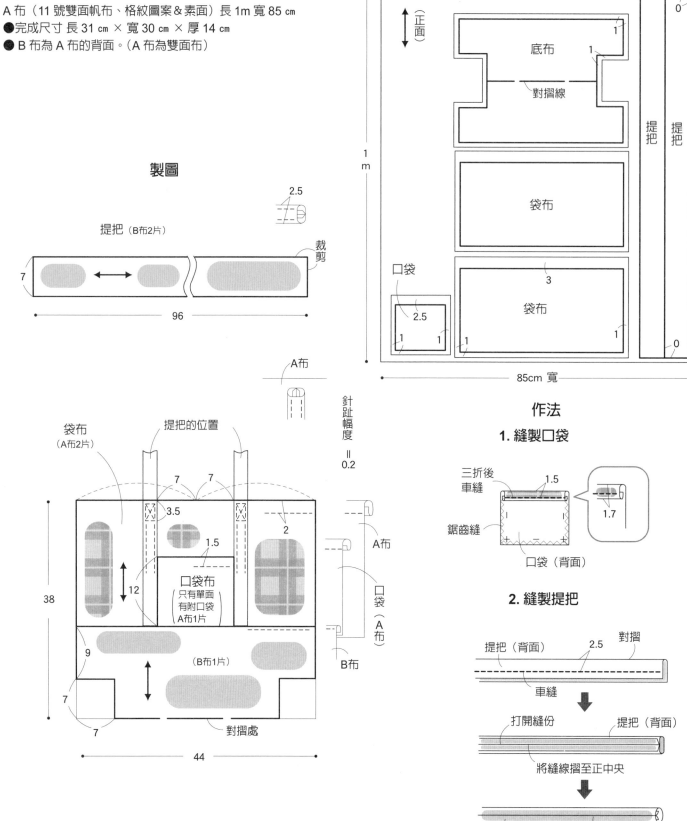

2.5

提把（B布2片）

裁剪

7

96

A布

袋布
（A布2片）

提把的位置

針趾幅度
＝
0.2

38

7　7

3.5

1.5

口袋布
只有單面
有附口袋
A布1片

12

A布

口袋（A布）

B布

9

（B布1片）

7

7

對摺處

44

底布

對摺線

提把 提把

正面

口袋

2.5

袋布

袋布

3

85cm 寬

作法

1. 縫製口袋

三折後
車縫

1.5

1.7

鋸齒縫

口袋（背面）

2. 縫製提把

提把（背面）　2.5　對摺

車縫

打開縫份　提把（背面）

將縫線摺至正中央

提把（正面）　翻至正面

3. 縫合袋口

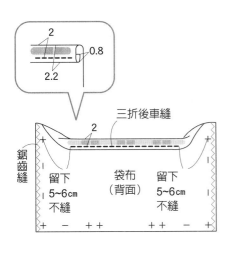

2
0.8
2.2

三折後車縫

2

鋸齒縫

留下
5~6cm
不縫

袋布
（背面）

留下
5~6cm
不縫

4. 縫上提把與口袋

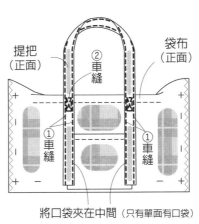

提把
（正面）

②
車縫

袋布
（正面）

①
車縫

①
車縫

將口袋夾在中間（只有單面有口袋）

5. 縫合袋布與底布

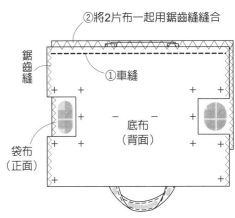

②將2片布一起用鋸齒縫縫合

鋸齒縫

①車縫

底布
（背面）

袋布
（正面）

6. 縫合脇邊

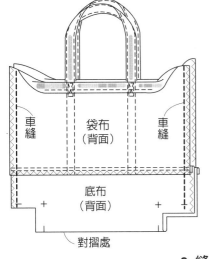

車縫

袋布
（背面）

車縫

底布
（背面）

對摺處

7. 縫襠布（側邊底部）

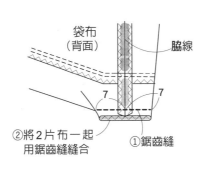

袋布
（背面）

脇線

7

7

②將2片布一起
用鋸齒縫縫合

①鋸齒縫

8. 縫合袋口其餘的部分

完成

折三折後縫合
將其餘未縫合的部分

袋布
（正面）

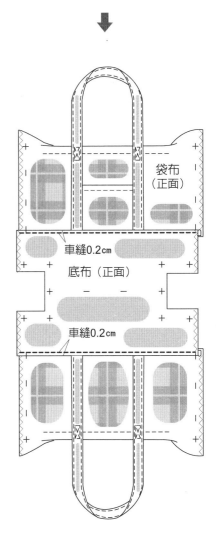

袋布
（正面）

車縫0.2cm

底布（正面）

車縫0.2cm

16、17 製圖

摺入

車縫

補強布（滾邊用的斜布條）

2 ╞────╡

←─ 10 ─→

■作品 **16**、**17** 的材料■（一件作品的材料）

表布（No.16 亞麻布、花朵圖案；No.17 亞麻布、素面）長 100 cm 寬 75 cm

滾邊用的斜布條 長 4m 寬 1 cm

緞帶 長 65 cm 寬 0.6 cm

●完成尺寸 長 55 cm × 寬 43 cm（袋口）× 厚 18 cm

A、B 布的裁剪圖

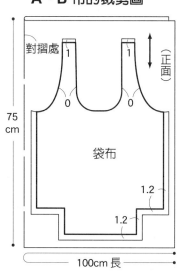

對摺處

（正面）

75 cm

袋布

100cm 長

緞帶 長＝30×2條
滾邊布（斜布條）寬＝1
滾邊布 寬＝0.6
針趾幅度＝0.2

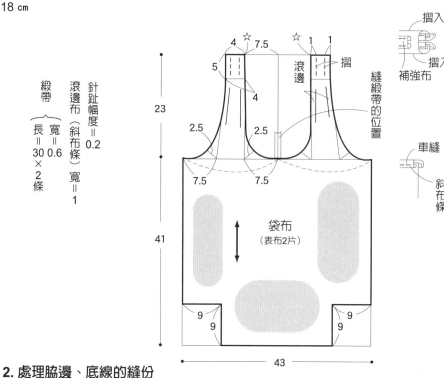

23

41

43

袋布（表布2片）

摺入
摺入
補強布

車縫
斜布條

縫緞帶的位置

滾邊

摺

作法

1. 縫合脇邊、底線

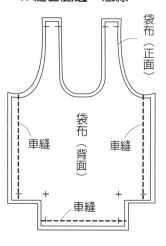

袋布（正面）

車縫

袋布（背面）

車縫

2. 處理脇邊、底線的縫份

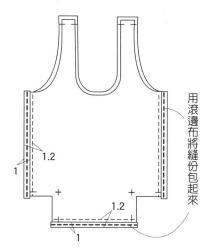

1.2

1

用滾邊布將縫份包起來

3. 縫襠布（側邊底部）

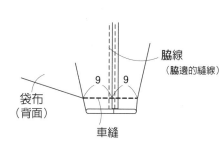

脇線（脇邊的縫線）

袋布（背面）

9　9

車縫

4. 處理襠布（側邊底部）的縫份

（背面）

1

用滾邊布將縫份包起來

滾邊的方式

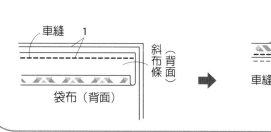

車縫　1

斜布條（背面）

袋布（背面）

1

斜布條（正面）

車縫0.1～0.2cm

縫線

袋布（背面）

5. 縫上滾邊

車縫

斜布條（背面）

袋布（正面）

斜布條（正面）

車縫

袋布（背面）

緞帶

將緞帶夾在中間

將縫份往其中一邊用熨斗燙平

車縫

1

6. 縫合提把

打開縫份

車縫

對齊☆記號

袋布（背面）

完成

補強布（正面）

提把（正面）

16・17

7. 縫上補強布

摺入

2

摺入

正面 4.5

②車縫

①往裡面摺

補強布（正面）

車縫在正面

補強布（正面）

第14頁的作品20、21

■作品 20 的材料■
表布（雙層棉紗布、圓點圖案）長 110 cm 寬 55 cm
花邊織帶 長 2m 寬 0.7 cm
●完成尺寸 長 42 cm × 寬 21 cm × 厚 7 cm

■作品 21 的材料■
表布（雙層棉紗布、格紋圖案）長 1m25 cm 寬 112 cm
花邊織帶 長 3m 寬 1 cm
●完成尺寸 長 67 cm × 寬 33 cm × 厚 14 cm

20、21 製圖

上面的數字＝No.20
下面的數字＝No.21

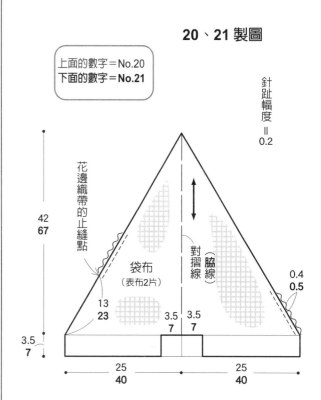

針趾幅度 ＝ 0.2

花邊織帶的止縫點

袋布（表布2片）

對摺線

脇線

42 / 67

13 / 23

3.5 / 7

3.5 / 7

0.4 / 0.5

3.5 / 7

25 / 40

25 / 40

20 的表布裁剪圖

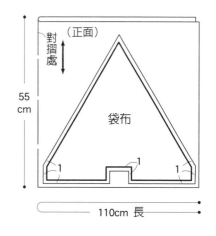

（正面）

對摺處

55 cm

袋布

1

1

1

110cm 長

接續下一頁 →

21 的表布裁剪圖

（正面）

袋布

袋布

1 m 25 cm

1

1

1

112cm 寬

作法

1. 縫上花邊織帶

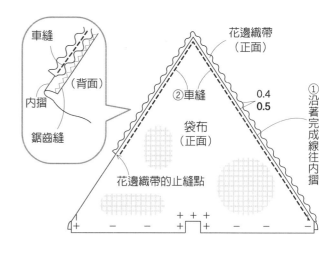

車縫

（背面）

内摺

鋸齒縫

花邊織帶（正面）

②車縫

0.4
0.5

①沿著完成線往內摺

袋布（正面）

花邊織帶的止縫點

2. 縫合袋布

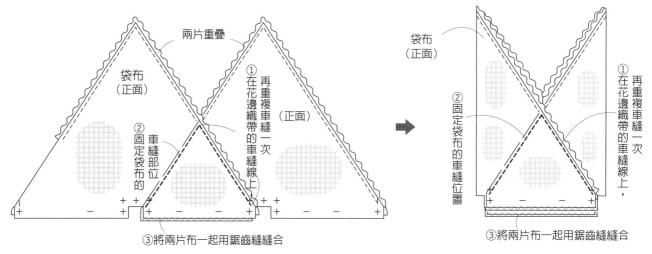

兩片重疊

袋布（正面）

（正面）

②固定袋布的車縫部位

①再重複車縫一次在花邊織帶的車縫線上

③將兩片布一起用鋸齒縫縫合

袋布（正面）

②固定袋布的車縫位置

①再重複車縫一次在花邊織帶的車縫線上，

③將兩片布一起用鋸齒縫縫合

3. 縫合底線

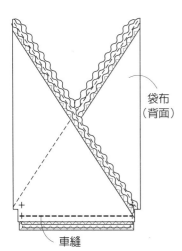

袋布（背面）

車縫

4. 縫襠布（側邊底部）

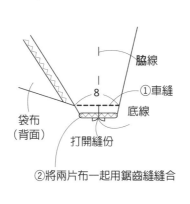

脇線

8

①車縫

底線

袋布（背面）

打開縫份

②將兩片布一起用鋸齒縫縫合

完成

20

21

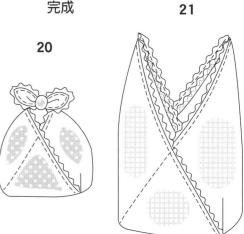

作品 18、19 的材料■（一件作品的材料）
- 表布（棉布、彩色格紋圖案）長 112 cm寬 70 cm
- 滾邊用的斜布條 長 2m80 cm寬 1 cm
- 棉麻織帶 長 60 cm寬 1 cm
- ●完成尺寸 長 60 cm × 寬 34 cm × 厚 14 cm

作法

1. 在脇邊縫上袋邊縫、縫合提把

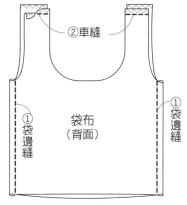

②車縫

袋布（背面）

①袋邊縫　①袋邊縫

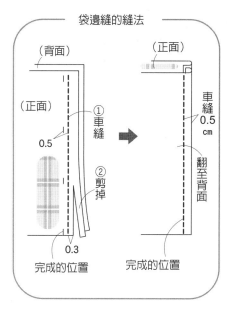

袋邊縫的縫法

（背面）　（正面）

（正面）

①車縫　0.5

②剪掉　0.5

0.3

完成的位置

車縫 0.5 cm

翻至背面

完成的位置

18、19 製圖

織帶　滾邊布寬度（斜布條）

長＝27　寬＝1　＝1

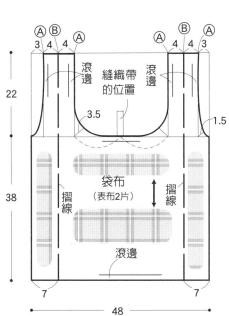

22
38

Ⓐ Ⓑ Ⓐ　Ⓐ Ⓑ Ⓐ
3 4 4 Ⓐ　Ⓐ 4 4 3

滾邊　縫織帶的位置　滾邊

3.5　1.5

摺線　袋布（表布2片）　摺線

滾邊

7　7

48

表布的裁剪圖

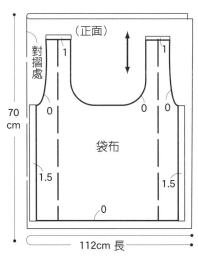

對摺摺處

70 cm

（正面）

1　1

0　0

0　0

袋布

1.5　1.5

0

112cm 長

2. 在袋口、提把縫上滾邊

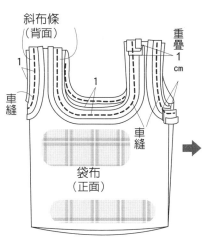

斜布條（背面）　斜布條（正面）

1　重疊1 cm

車縫

袋布（正面）

車縫

1　1

將織帶夾在中間

袋布（背面）

（背面）

織帶（背面）　車縫

三折後

0.5

3. 在袋底縫上滾邊

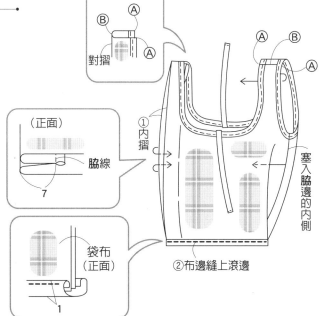

Ⓑ Ⓐ
對摺　Ⓐ

（正面）

脇線

7

（正面）

袋布（正面）

1

Ⓐ Ⓑ
Ⓐ

①內摺

②布邊縫上滾邊

塞入脇邊的內側

4. 縫合上端

完成

18・19

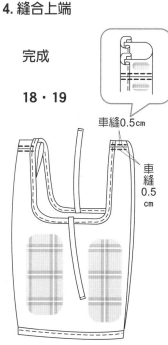

車縫0.5 cm

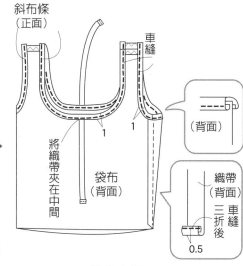

車縫0.5 cm

■作品 **22、23** 的材料■（一件作品的材料）

A 布（尼龍撥水布、素面）長 110 cm 寬 70 cm

B 布（尼龍撥水布、素面）長 110 cm 寬 40 cm

羅紋緞帶 長 35 cm 寬 2.4 cm

●完成尺寸 長 35 cm × 寬 35 cm × 厚 12 cm

22、23 的 **A** 布裁剪圖

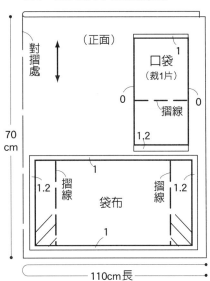

22、23 的 **B** 布裁剪圖

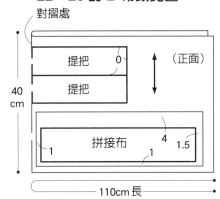

2. 縫合脇邊

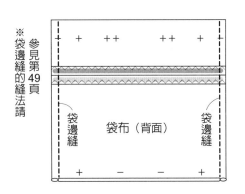

22、23 製圖

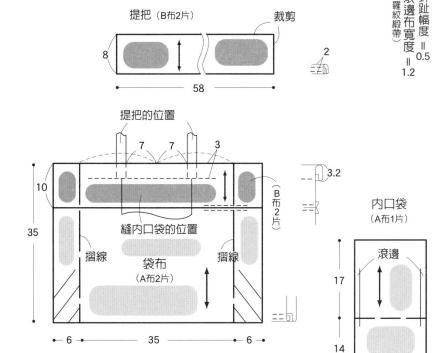

作法

1. 縫合拼接線

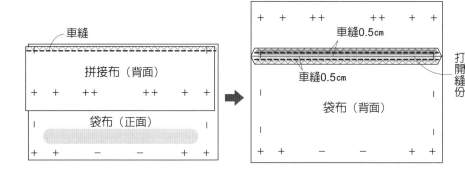

3. 縫合底線

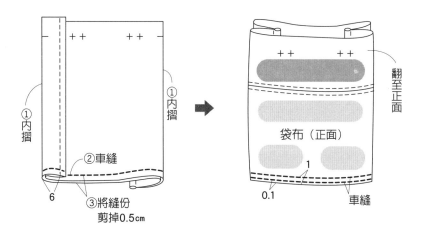

4. 縫製、縫上提把

提把（背面）

內摺

2

2

①對摺

2

0.1

提把（正面）

②車縫

0.1

0.1

車縫

提把（正面）

袋布（正面）

5. 縫製內口袋

內口袋（背面）

0.5 三折後車縫

1

②車縫

完成的位置

①內摺

羅紋緞帶（正面）

羅紋緞帶（正面）

內口袋（正面）

（正面）

摺入

1

羅紋緞帶（正面）

車縫

內口袋（正面）

6. 縫合袋口

三折後車縫

3

將口袋、提把夾在中間

袋布（背面）

完成

22・23

摺疊方式

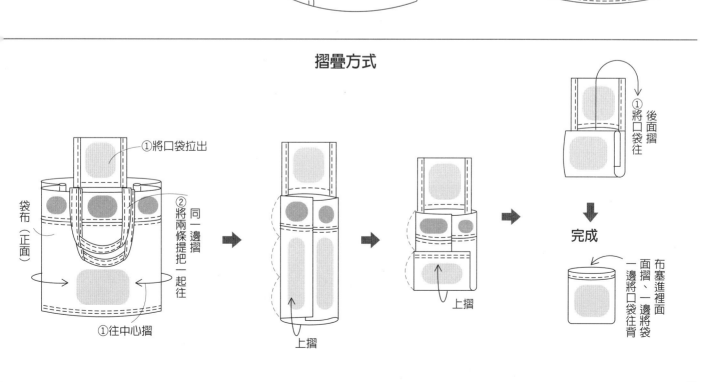

①將口袋拉出

②將兩條提把一起往

①往中心摺

袋布（正面）

上摺

上摺

①將口袋往後面摺

完成

布塞進裡面面摺、一邊將口袋往背一邊將口袋往背

24、25 製圖

表布（A布2片）
裡布（B布2片）

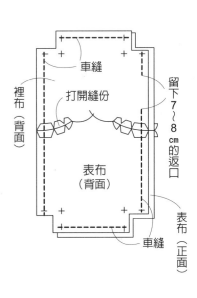

針趾幅度
＝
0.2

16

21

5

4

5

只有No.24有

4

4

22

2.5

2.5

NO.25

裡布

表布

■作品 **24**、**25** 的材料■（一件作品的材料）

A 布（No.24 亞麻布、素面；No.25 鬆餅格紋棉布）
　　　長 60 cm 寬 45 cm

B 布（No.24 亞麻布、素面；No.25 亞麻布、素面）
　　　長 60 cm 寬 45 cm

鈕扣 直徑 1 cm 3 個

●完成尺寸 長 33 cm × 寬 22 cm（袋口）× 厚 8 cm

24、25 的 A、B 布裁剪圖

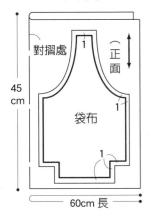

對摺處
正面
1
1
1
45 cm
袋布
60cm 長

※以相同方式縫製裡布

作法

1. 縫合提把

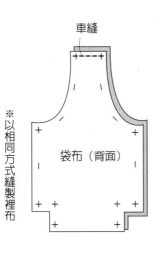

車縫

袋布（背面）

2. 縫合表布與裡布

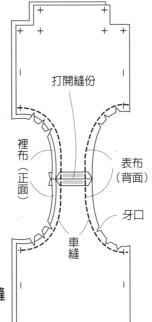

打開縫份

裡布（正面）

表布（背面）

牙口

車縫

3. 縫合脇邊、底線

車縫

裡布（背面）

打開縫份

表布（背面）

留下 7～8 cm 的返口

車縫

表布（正面）

4. 縫襠布（側邊底部）

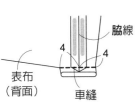

脇線

4　4

表布（背面）

車縫

※以相同方式縫製裡布

5. 翻至正面，用藏針縫縫合返口

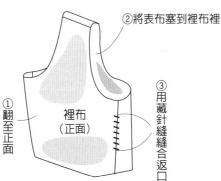

①翻至正面

②將表布塞到裡布裡

裡布（正面）

③用藏針縫縫合返口

6. 縫合袋口、縫上鈕扣

完成

24

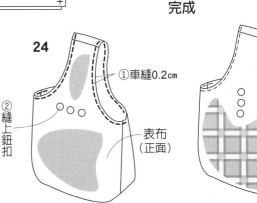

①車縫0.2 cm

②縫上鈕扣

表布（正面）

25

製圖

■作品 **28** 的材料■

A 布（雙層棉紗布、圓點圖案）長 55 cm 寬 35 cm
B 布（雙層棉紗布、格紋圖案）長 70 cm 寬 35 cm
混麻織帶 長 60 cm 寬 2 cm
圓繩 粗 0.3 cm 長 1m20 cm
●完成尺寸 長 19 cm × 寬 22 cm（袋口）× 厚 6 cm

提把（織帶2條）

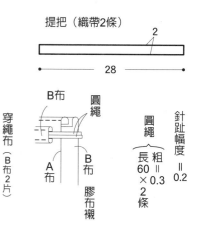

2

28

表布
（A布1片
膠布襯1片）

提把的位置

裡布
（B布1片）

圓繩的穿繩口

穿繩布（B布2片）

圓繩的穿繩口

5　1.5　5

1　2　1

22

3

3　28　對摺處

B布　圓繩
A布　B布　膠布襯

圓繩 長60 粗0.3×2條 = 針趾幅度 0.2

A、B 布的裁剪圖

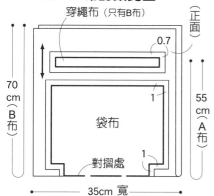

穿繩布（只有B布）

（正面）

0.7

70 cm（B布）

袋布

1

55 cm（A布）

1

對摺處

35cm 寬

作法

1. 縫合表布

車縫　車縫表布（背面）　車縫

對摺

2. 縫合裡布

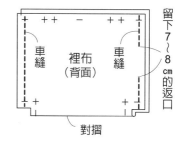

車縫　裡布（背面）　車縫

留下7～8cm的返口

對摺

3. 縫檔布（側邊底部）

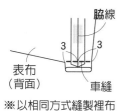

脇線
3　3
表布（背面）　車縫
※以相同方式縫製裡布

4. 縫合表布與裡布

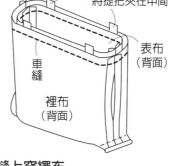

將提把夾在中間
車縫
表布（背面）
裡布（背面）

5. 翻至正面、用藏針縫縫合返口

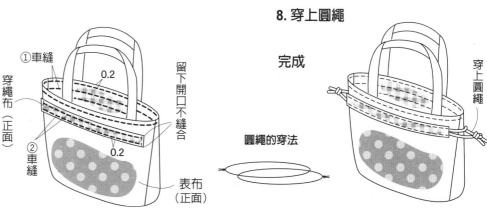

用藏針縫縫合返口
裡布（正面）
翻至正面

6. 縫製穿繩布

穿繩口（正面）　內摺0.7cm
內摺0.7cm

內摺0.7cm　2　內摺0.7cm
穿繩口（背面）

穿繩口（正面）

車縫0.5cm

7. 縫合袋口、縫上穿繩布

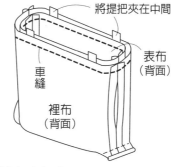

①車縫
0.2
穿繩布（正面）
②車縫
0.2
留下開口不縫合
表布（正面）

8. 穿上圓繩

完成

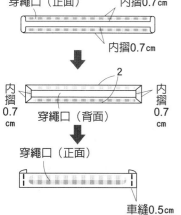

穿上圓繩

圓繩的穿法

26、27 製圖

■作品 **26**、**27** 的材料■（**1**件作品的材料）

A 布（No.26 雙層棉紗布、條紋圖案；No.27 雙層棉紗布、格紋圖案）長 70 cm寬 40 cm

B 布（平織布、素面）長 70 cm寬 40 cm

圓麻繩 粗 0.5 cm 長 1m

混麻織帶 長 5 cm寬 1.6 cm

●完成尺寸 長 32 cm × 寬 25 cm

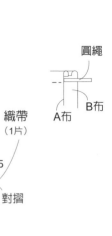

圓繩的穿繩口

針跡幅度 ＝ 0.2
圓繩 粗 ＝ 0.5
圓繩 長 ＝ 100

穿上圓繩

表布（A布2片）
裡布（B布2片）

織帶（1片）

32

25

1.5

1.6

對摺

1

26、27 的 A、B 布裁剪圖

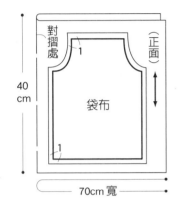

對摺處

（正面）

袋布

40 cm

70cm 寬

1

1

作法

1. 縫合表布的脇邊、底線

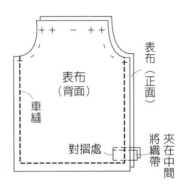

表布（背面）

表布（正面）

車縫

對摺處

將織帶夾在中間

2. 縫合底布的脇邊、底線

裡布（正面）

裡布（背面）

車縫

留下 7~8 cm 的返口

3. 縫合表布與裡布

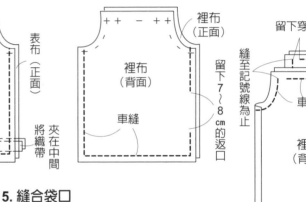

留下穿繩口不縫

縫至記號線為止

縫至記號線為止

車縫

表布（背面）

裡布（背面）

4. 翻至正面、用藏針縫縫合返口

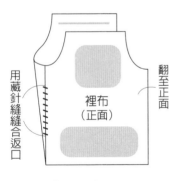

用藏針縫縫合返口

裡布（正面）

翻至正面

5. 縫合袋口

① 車縫 0.2

② 車縫 2 cm

表布（正面）

6. 穿上圓繩

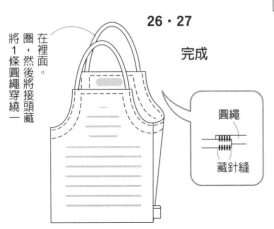

將 1 條圓繩穿繞一圈，然後將接頭藏在裡面。

26・27 完成

圓繩

藏針縫

19 頁的作品 **30**、**31** 的 A 布裁剪圖

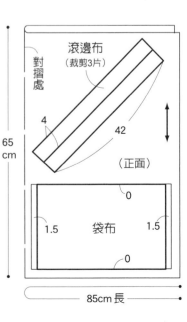

對摺處

滾邊布（裁剪3片）

（正面）

4

42

65 cm

袋布

1.5

1.5

0

0

85cm 長

B 布的裁剪圖

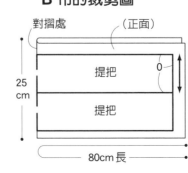

對摺處

（正面）

提把

提把

0

25 cm

80cm 長

■作品 30、31 的材料■（**1 件作品的材料**）

A 布（No.30 亞麻布、素面；No.31 亞麻布、格紋圖案）
　　　長 85 cm寬 65 cm

B 布（No.30 亞麻布、格紋圖案；No.31 亞麻布、素面）
　　　長 80 cm寬 25 cm

●混麻布帶 長 1 cm寬 60 cm

●熱燙式徽章 1 片

●完成尺寸 長 22 cm × 寬 25 cm × 厚 10 cm

作法
1. 打出皺摺

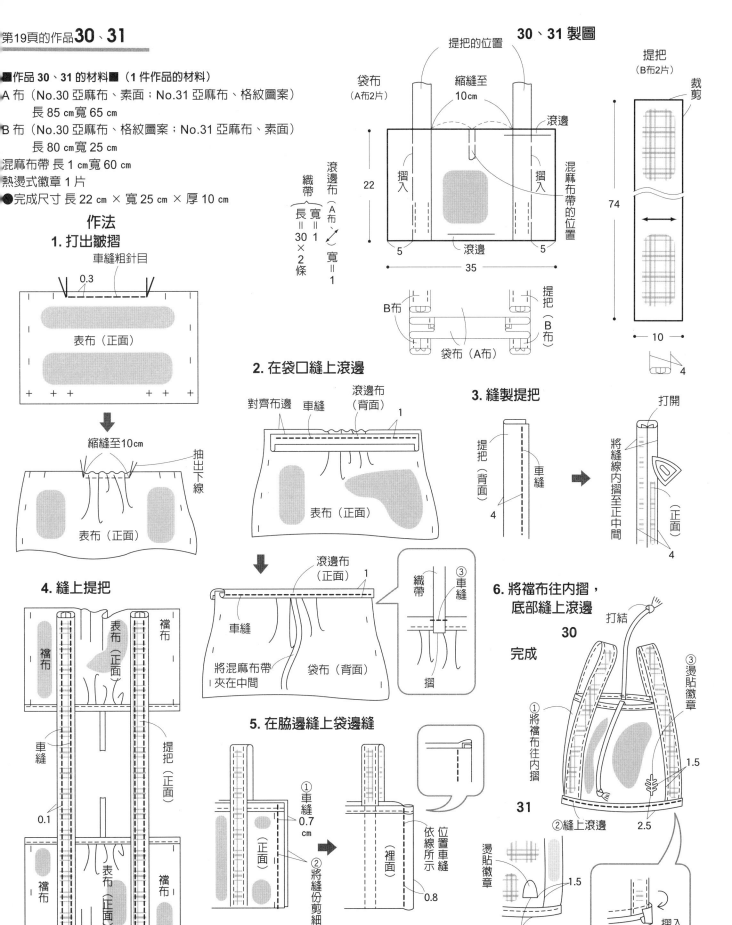

30、31 製圖

2. 在袋口縫上滾邊

3. 縫製提把

4. 縫上提把

5. 在脇邊縫上袋邊縫

6. 將襠布往內摺，底部縫上滾邊

30 完成

31

■作品 29 的材料■
A 布（棉布、格紋圖案）長 70 cm 寬 25 cm
B 布（棉布、圓點圖案）長 70 cm 寬 25 cm
滾邊用的斜布條 長 50 cm 寬 1 cm
●完成尺寸 長 20 cm × 寬 26 cm

製圖

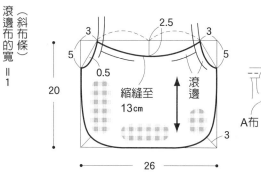

滾邊布的寬（斜布條）= 1

3　　2.5　　3
5　　　　　5
0.5
20
縮縫至 13cm
滾邊
A布　B布
3
26

A、B 布的裁剪圖

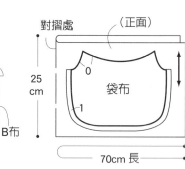

對摺處　（正面）
25 cm
0
袋布
1
70cm 長

作法

1. 縫合袋布

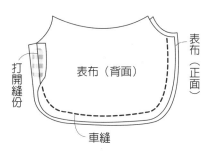

打開縫份
表布（背面）
表布（正面）
車縫

※以相同方式縫製裡布

2. 打出皺摺

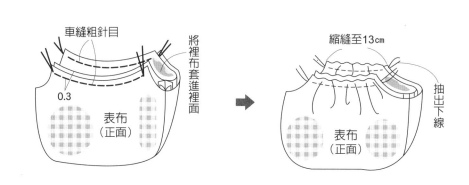

車縫粗針目
將裡布套進裡面
0.3
表布（正面）

縮縫至13cm
抽出下線
表布（正面）

3. 在袋口縫上滾邊

斜布條（背面）
車縫
表布（正面）

斜布條（正面）
1　車縫
裡布（正面）

1
表布（背面）
裡布（正面）

4. 在脇邊的袋口縫上滾邊，縫製成提把

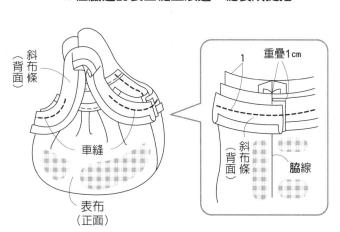

斜布條（背面）
車縫
表布（正面）

1
重疊1cm
斜布條（背面）
脇線

完成

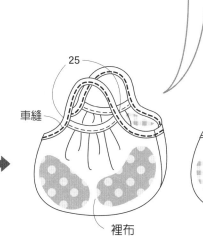

25
車縫
裡布（正面）

A 布的裁剪圖

B 布的裁剪圖

■作品 32 的材料■
A 布（棉麻混紡布、花朵圖案）長 110 ㎝ 寬 65 ㎝
B 布（棉麻混紡布、素面）長 110 ㎝ 寬 75 ㎝
提把（皮革、長 38 ㎝ 寬 2.5 ㎝）1 組
25 號繡線（黑色）
●完成尺寸 長 40 ㎝ × 寬 30 ㎝ × 厚 10 ㎝
●袋布、襯布、底布、內口袋的製圖，與 21 頁之
　作品 33 相同。（請參見第 58 頁）

製圖

提把（皮革製的提把1組）

作法

1. 縫製、縫上口袋

步驟 2 ～ 7
請參見第 58、59 頁

8. 縫合袋布的周圍，
縫上提把

完成

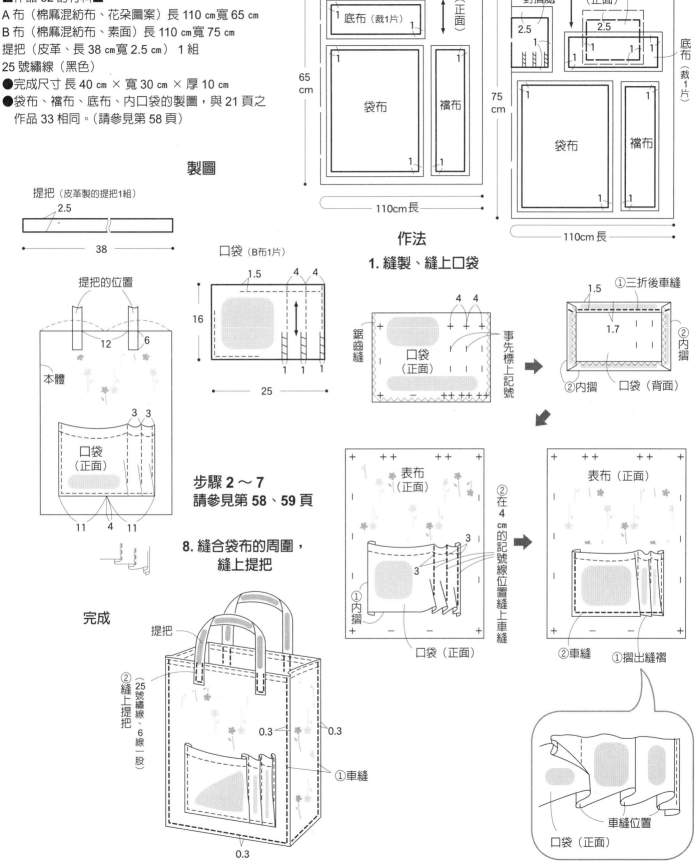

■作品 **33** 的材料■

A 布（棉麻混紡布、素面）長 110 cm寬 65 cm
B 布（棉麻混紡布、花朵圖案）長 110 cm寬 1m 5 cm
●完成尺寸 長 40 cm × 寬 30 cm × 厚 10 cm

A 布的裁剪圖

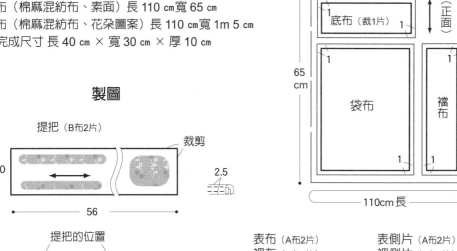

B 布的裁剪圖

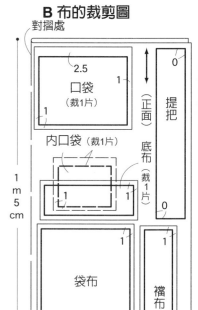

針趾幅度＝
0.1

2. 縫製、縫上內口袋

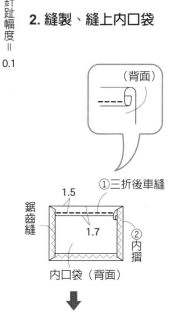

製圖

提把（B布2片）

裁剪

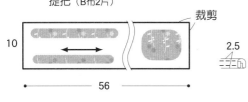

10

56

2.5

提把的位置

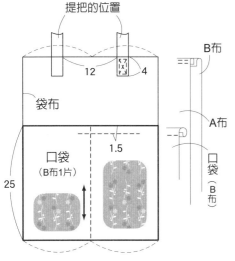

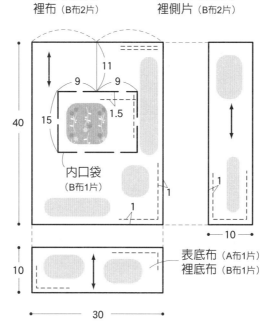

表布（A布2片）
裡布（B布2片）

表側片（A布2片）
裡側片（B布2片）

表底布（A布1片）
裡底布（B布1片）

作法

1. 縫製、縫上口袋

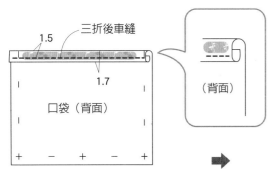

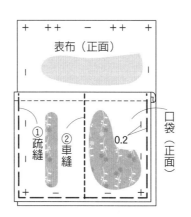

3. 縫合表襠布與表底布

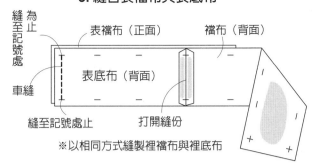

縫至記號處為止

表襠布（正面）　襠布（背面）

表底布（背面）

車縫

縫至記號處止　　打開縫份

※以相同方式縫製裡襠布與裡底布

4. 縫合表布與表襠布、表底布

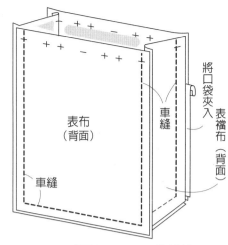

表布（背面）

車縫

將口袋夾入表襠布（背面）

車縫

5. 縫合裡布與裡襠布、裡底布

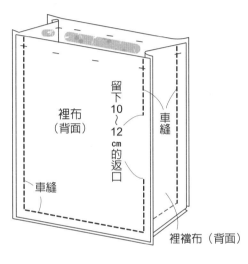

裡布（背面）

留下10～12cm的返口

車縫

車縫

裡襠布（背面）

6. 縫合表布與裡布

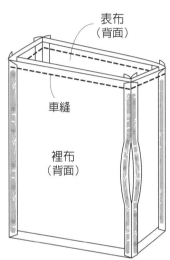

表布（背面）

車縫

裡布（背面）

7. 翻至正面、用藏針縫縫合返口、袋口

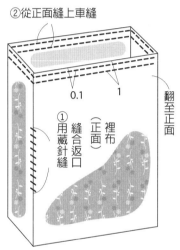

②從正面縫上車縫

0.1　　1

①用藏針縫縫合返口

裡布（正面）

翻至正面

8. 縫製提把

提把（背面）

內摺2.5cm

內摺2.5cm

對摺

車縫0.2cm

2.5

（正面）

止縫點

5　8

4　1

起縫點

2

7　　3

6

9. 縫合袋布的周圍，再縫上提把

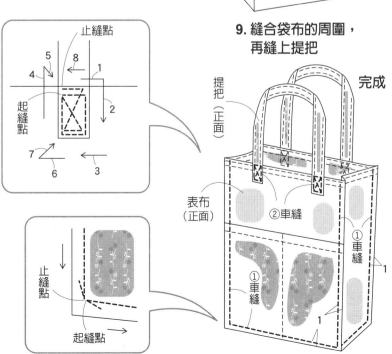

完成

提把（正面）

表布（正面）

②車縫

①車縫

1

①車縫

1

止縫點

起縫點

製圖

■**作品 36 的材料**■

A 布（11 號帆布、印花圖案）長 108 ㎝寬 35 ㎝
B 布（11 號帆布、素面）長 70 ㎝寬 50 ㎝
C 布（棉布、素面）長 110 ㎝寬 40 ㎝
拉鍊 40 ㎝ 1 條
●完成尺寸 長 30 ㎝ × 寬 41 ㎝（袋口）× 底 13 ㎝

提把（B布2片）

裁剪

10

44

針跡幅度 ＝ 0.2

2.5

A 布的裁剪圖

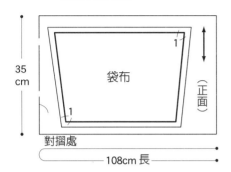

35 cm

袋布

（正面）

對摺處

108cm 長

B 布的裁剪圖

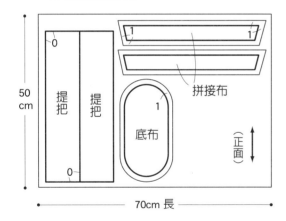

50 cm

提把　提把

拼接布

底布

（正面）

70cm 長

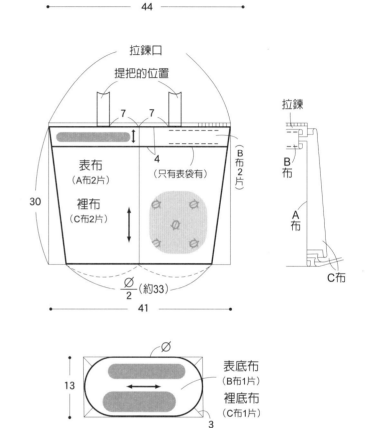

拉鍊口

提把的位置

7　7

表布（A布2片）

裡布（C布2片）

4（只有表袋有）

B布2片

30

∅／2（約33）

41

拉鍊

B布

A布

C布

表底布（B布1片）

裡底布（C布1片）

13

27

3

C 布的裁剪圖

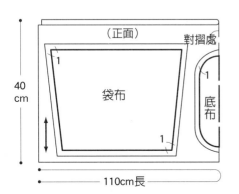

40 cm

（正面）

對摺處

袋布

底布

110cm 長

作法

1. 縫合拼接線

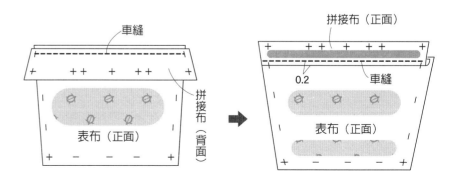

車縫

拼接布（背面）

表布（正面）

拼接布（正面）

0.2　車縫

表布（正面）

2. 縫製提把

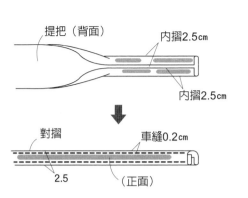

提把（背面）
內摺2.5cm
內摺2.5cm

對摺
車縫0.2cm
2.5
（正面）

3. 縫上拉鍊

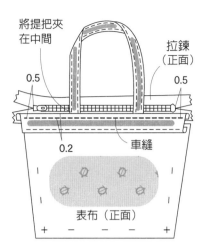

將提把夾在中間
拉鍊（正面）
0.5
0.5
0.2
車縫
表布（正面）

※以相同方式縫製另一邊

4. 縫合表布的脇邊

打開縫份
車縫
表布（背面）
車縫
表布（正面）

5. 縫合表布與表底布

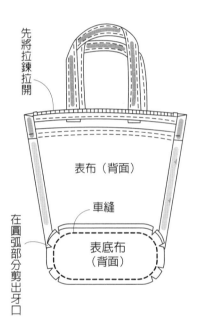

先將拉鍊拉開
表布（背面）
車縫
在圓弧部分剪出牙口
表底布（背面）

6. 縫合裡布的脇邊

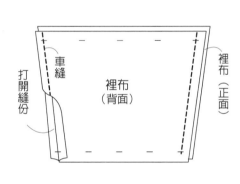

打開縫份
車縫
裡布（背面）
裡布（正面）

7. 縫合裡布與裡底布

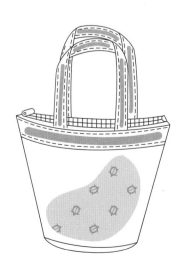

裡布（背面）
車縫
在圓弧部分剪出牙口
裡底布（背面）

8. 縫上裡布

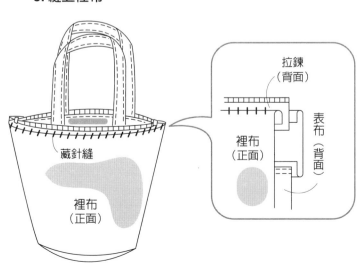

藏針縫
裡布（正面）
拉鍊（背面）
裡布（正面）
表布（背面）

完成

■作品 **37** 的材料■
A 布（棉布、織紋圖案）長 80 cm 寬 60 cm
B 布（棉布、格紋圖案）長 70 cm 寬 60 cm
膠布襯 長 70 cm 寬 60 cm
提把（亞麻材質 2.5 cm × 40 cm）1 組
胸花用的簡針 1 個
●完成尺寸 長 30 cm × 寬 40 cm × 厚 9 cm

A 布的裁剪圖

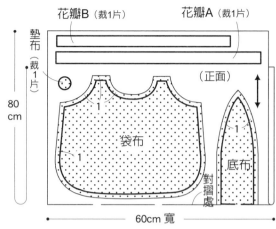

花瓣B（裁1片）　花瓣A（裁1片）

墊布（裁1片）

（正面）

80 cm

60cm 寬

□∴ = 燙貼膠布襯的位置

B 布的裁剪圖

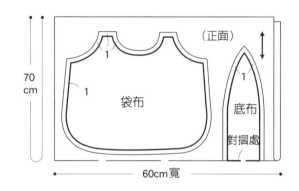

（正面）

70 cm

袋布

底布

對摺處

60cm 寬

製圖

提把（亞麻材質的提把2條）

28

2.5

40

表布
（A布2片
膠布襯2片）

裡布
（B布2片）

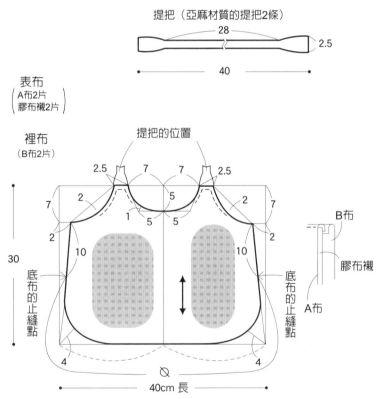

提把的位置

2.5　7　7　2.5
7　2　　　　2　7
1
5　5
2　10　　　10　2

30

底布的止縫點

底布的止縫點

B布
膠布襯
A布

4　　　⌀　　　4

40cm 長

針趾幅度 = 0.2

0.5　0.5

⌀/2（約28.5）

9

16

9

對摺處

表底布（A布1片 膠布襯1片）
裡底布（B布1片）

包包的作法

1. 縫合表布與表底布

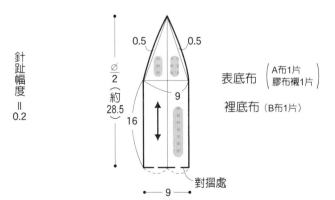

膠布襯

表布（背面）

止縫點

止縫點

表布（正面）

車縫

表底布（背面）

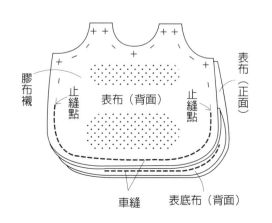

2. 縫合裡布與裡底布

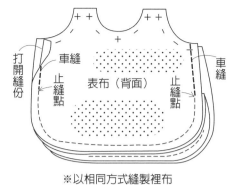

止縫點
裡布（背面）
止縫點
裡底布（背面）
車縫

留下10～12cm的返口
（只有單側需要留下）

3. 縫合脇邊

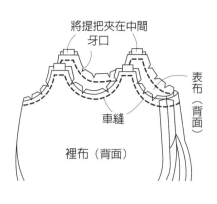

打開縫份
車縫
止縫點
表布（正面）
止縫點
車縫

※以相同方式縫製裡布

4. 縫合表布與裡布

將提把夾在中間
牙口
表布（背面）
車縫
裡布（背面）

5. 翻至正面、用藏針縫縫合返口

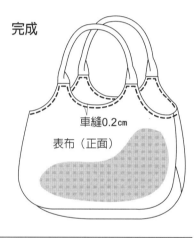

翻至正面
裡布（正面）
用藏針縫縫合返口

6. 縫合袋口

完成
車縫0.2cm
表布（正面）

胸花的製作方法

1. 裁剪布片

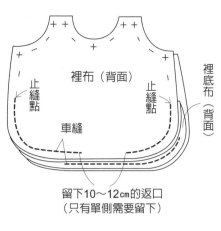

花瓣A（正面）
55
3

花瓣B（正面）
47
2.5

2. 裁剪布條，製作花瓣

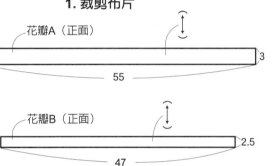

隨興裁剪成波浪狀

剪掉

花瓣A裁成1.2cm左右
花瓣B裁成0.8cm左右
以上為剪裁基準

實物大小

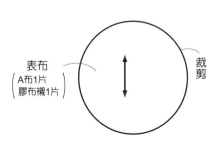

表布
（A布1片
膠布襯1片）
裁剪

3. 重疊花瓣 A 與花瓣 B，然後縫起、捲繞

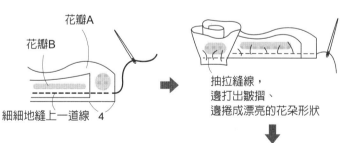

花瓣A
花瓣B
細細地縫上一道線　4

抽拉縫線，
邊打出皺摺、
邊捲成漂亮的花朵形狀

4. 將墊布、簡針，縫在胸花的背面

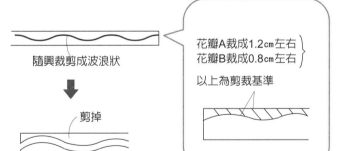

背面
① 用藏針縫縫合墊布
② 縫上簡針
墊布（正面）

完成

簡針

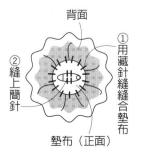

將線穿過胸花的底部，
然後縫合固定

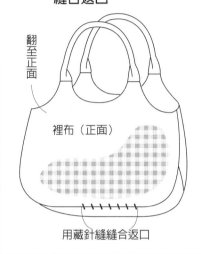

製圖

■作品 35 的材料■

A 布（加皺棉布、素面圖案）長 90 cm 寬 60 cm
B 布（棉布、條紋圖案）長 90 cm 寬 50 cm
膠布襯 長 90 cm 寬 60 cm
鈕扣 直徑 2.2 cm 1 個
提把（皮革、長 65 cm 寬 1.8 cm） 1 組
圓繩 粗 0.2 cm 長 20 cm
25 號繡線（淺駝色）
●完成尺寸 長 35 cm × 寬 30 cm（底部）× 厚 12 cm

A、B 布的裁剪圖

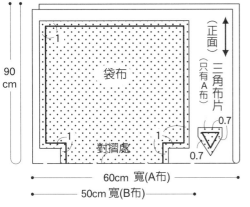

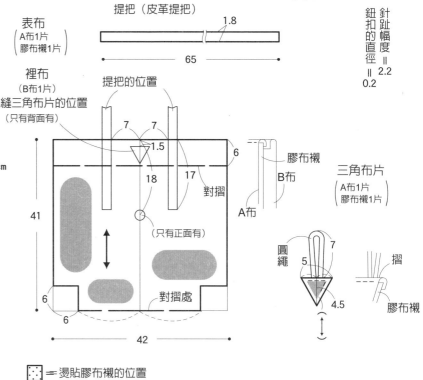

鈕扣的直徑＝2.2
針趾幅度＝0.2

□＝燙貼膠布襯的位置

作法

1. 縫合表布的脇邊

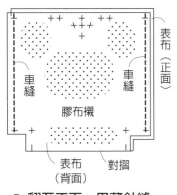

2. 縫合裡布的脇邊

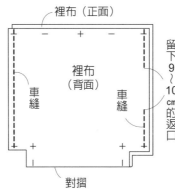

3. 縫襠布（側邊底部）

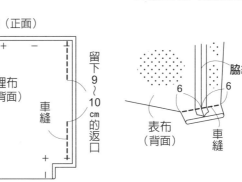

4. 縫合表布與裡布

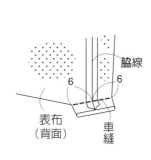

5. 翻至正面、用藏針縫縫合返口、袋口

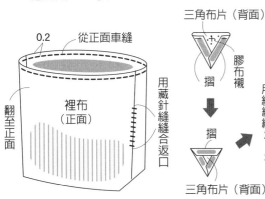

6. 縫製、縫上三角布片

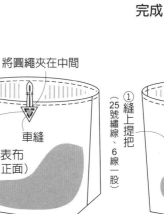

7. 縫上提把、鈕扣

完成

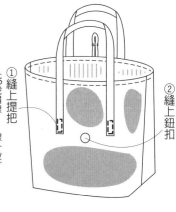

製圖

■作品 38 的材料■

A 布（棉布、大格紋圖案）長 90 ㎝寬 80 ㎝
B 布（亞麻布、素面）長 70 ㎝寬 70 ㎝
膠布襯 少許
緞帶（羅紋緞帶）長 2m40 ㎝寬 1.5 ㎝
提把（外徑 18 ㎝）1 組
●完成尺寸 長 35 ㎝ × 寬 35 ㎝

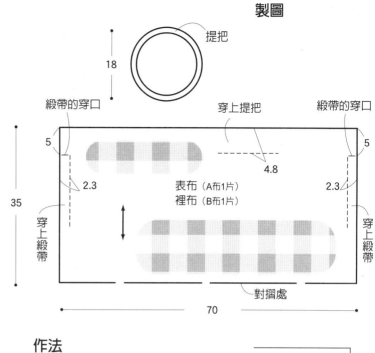

A、B 布的裁剪圖

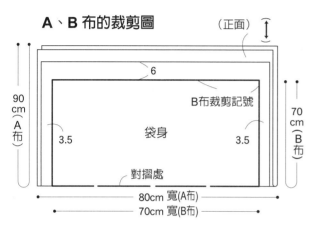

= 燙貼膠布襯的位置

2. 縫合兩端

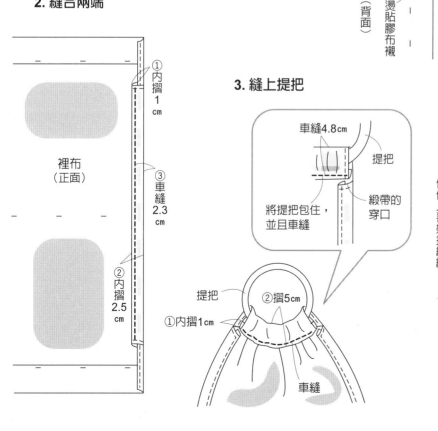

3. 縫上提把

車縫4.8cm
提把
緞帶的穿口
將提把包住，並且車縫

提把
①內摺1cm
②摺5cm
車縫

作法

1. 縫合袋角

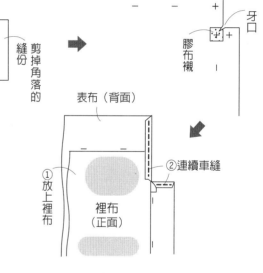

4. 穿上緞帶

完成

依個人喜好抽縮緞帶、打上蝴蝶結

穿緞帶（1m20㎝）

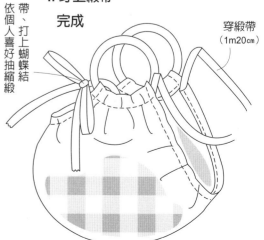

A 布的裁剪圖

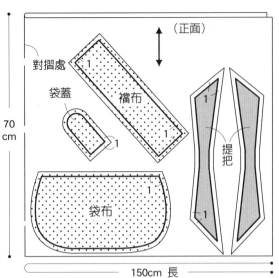

■作品 **39** 的材料■

A 布（蘇格蘭毛料、格紋圖案）長 150 cm寬 70 cm
B 布（亞麻布、素面）長 80 cm寬 55 cm
薄膠布襯 長 80 cm寬 55 cm
厚膠布襯 長 60 cm寬 30 cm
鈕扣 直徑 2.2 cm 1 個
●完成尺寸 長 21 cm × 寬 40 cm × 厚 10 cm

⋮⋮ ＝ 燙貼薄膠布襯的位置

▨ ＝ 燙貼厚膠布襯的位置

製圖

提把 （A布4片 / 厚膠布襯2片）

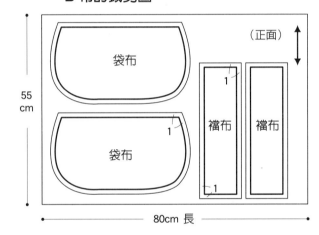

B 布的裁剪圖

袋蓋 （A布2片 / 薄膠布襯1片）

鈕扣直徑 ＝ 2.2
針趾幅度 ＝ 0.5

表布 （A布2片 / 薄膠布襯2片）

裡布 （B布2片）

表襯布 （A布2片 / 薄膠布襯2片）

裡襯布 （B布2片）

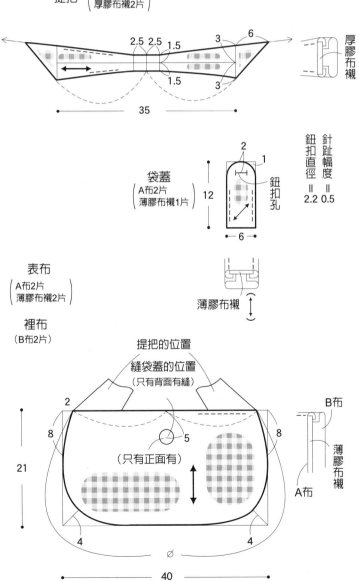

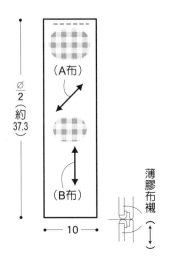

作法

1. 縫合襠布

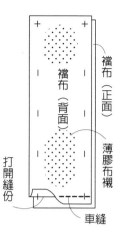

襠布（正面）
襠布（背面）
薄膠布襯
打開縫份
車縫

※以相同方式縫製裡襠布

2. 縫合表布與表襠布

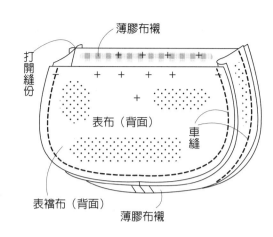

薄膠布襯
打開縫份
表布（背面）
車縫
表襠布（背面）
薄膠布襯

3. 縫合裡布與裡襠布

打開縫份
裡布（背面）
車縫
裡襠布（背面）
留下10～12cm的返口
（只有一側需要留下）

4. 縫製提把

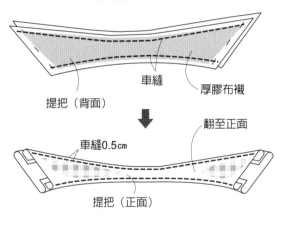

提把（背面）
車縫
厚膠布襯

車縫0.5cm
翻至正面
提把（正面）

5. 縫製袋蓋

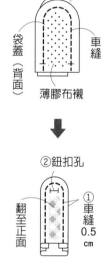

袋蓋（正面）
袋蓋（背面）
車縫
薄膠布襯

②鈕扣孔
翻至正面
①車縫0.5cm

6. 縫合表布與裡布

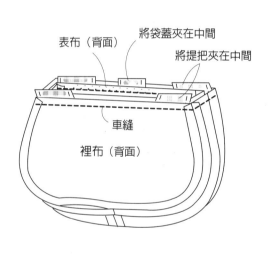

表布（背面）
將袋蓋夾在中間
將提把夾在中間
車縫
裡布（背面）

7. 翻至正面，用藏針縫縫合返口

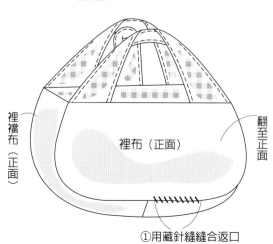

裡襠布（正面）
裡布（正面）
翻至正面
①用藏針縫縫合返口

8. 縫合袋口、縫上鈕扣

完成

②縫上鈕扣
表布（正面）
①車縫0.5cm

製圖

■作品 **40** 的材料■
A 布（燈芯絨、素面）長 110 cm寬 45 cm
B 布（棉布、格紋圖案）長 110 cm寬 45 cm
C 布（燈芯絨、素面）長 50 cm寬 30 cm
膠布襯 長 90 cm寬 65 cm
鈕扣 直徑 2 cm 4 個
●完成尺寸 長 20 cm × 寬 34 cm × 厚 9 cm
● A 布往同一方向裁剪布片

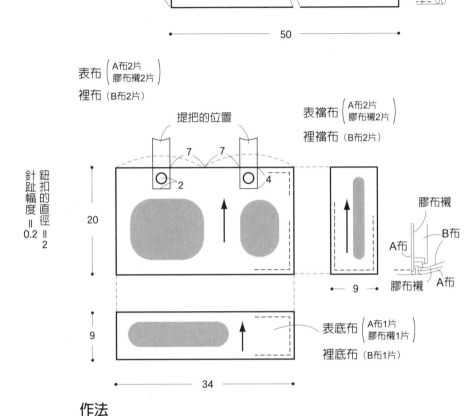

提把（C布2片）
裁剪
12
3
50

表布（A布2片／膠布襯2片）
裡布（B布2片）

表襠布（A布2片／膠布襯2片）
裡襠布（B布2片）

提把的位置
7　7
2
4
20
膠布襯
B布
A布
A布
膠布襯
9

表底布（A布1片／膠布襯1片）
裡底布（B布1片）
9
34

A、B 布的裁剪圖

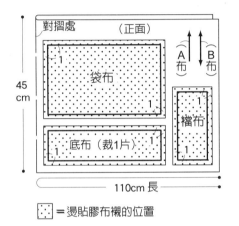

對摺處　（正面）
45 cm
袋布
1
1
底布（裁1片）
1
檔布
1
1
A布　B布
針趾幅度＝0.2　鈕扣的直徑＝2
110cm 長

⋮＝燙貼膠布襯的位置

C 布的裁剪圖

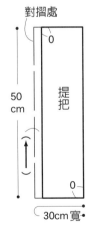

對摺處
0
50 cm
提把
0
30cm 寬

作法

1. 縫合表布與表底布

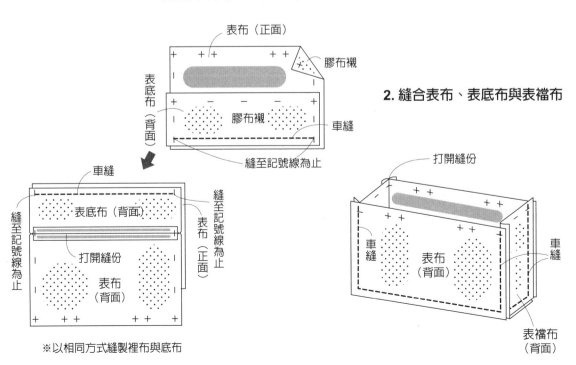

表布（正面）
膠布襯
表底布（背面）
膠布襯
車縫
縫至記號線為止

車縫
表底布（背面）
打開縫份
表布（背面）
縫至記號線為止
表布（正面）
縫至記號線為止

※以相同方式縫製裡布與底布

2. 縫合表布、表底布與表襠布

打開縫份
車縫
車縫
表布（背面）
表襠布（背面）

3. 縫合裡布、裡底布與裡襠布

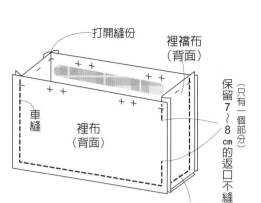

打開縫份

裡襠布（背面）

車縫

裡布（背面）

車縫

（只有一個部分）保留7～8cm的返口不縫

4. 縫合表布與裡布

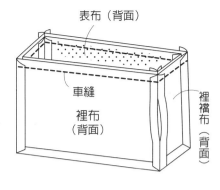

表布（背面）

車縫

裡布（背面）

裡襠布（背面）

5. 翻至正面、用藏針縫縫合返口

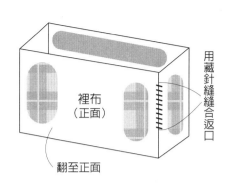

裡布（正面）

用藏針縫縫合返口

翻至正面

6. 縫合表袋布的周圍

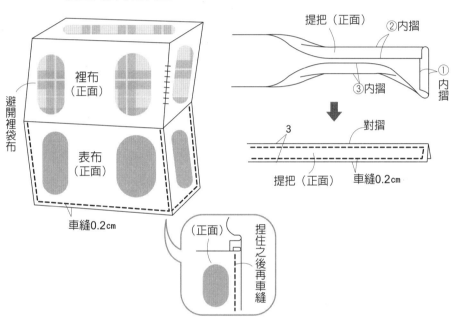

避開裡袋布

裡布（正面）

表布（正面）

車縫0.2cm

（正面）

捏住之後再車縫

7. 縫製提把

提把（正面）

②內摺

③內摺

①內摺

3

對摺

提把（正面）

車縫0.2cm

8. 縫合袋口，縫上提把、鈕扣

完成

提把（正面）

②用鈕扣將提把牢牢地扣緊

①車縫0.2cm

表袋布（正面）

基本刺繡

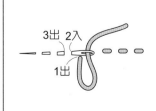

（例）直線縫
（2線一股、紅）

↑　　↑
刺繡時以○條　刺繡圖案的
繡線為一單位　顏色

25號繡線的使用方式

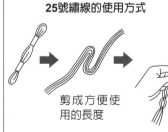

剪成方便使用的長度

數條線一起拉的話，線容易糾纏在一起，所以應該逐一拉出來

○線一股的意思是指，將一條條抽出來的線，以幾線為一單位使用

2線一股　　3線一股

緞面繡

3出

1出　　2入

平針繡	回針繡	雛菊繡	直線繡
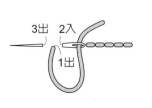	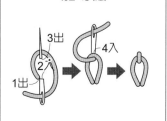	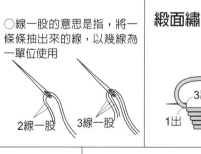	
3出　2入　1出	3出　2入　1出	3出　2入　4入　1出	3出　2入　1出

製圖

■**作品 41 的材料**■

表布（軟性牛仔布、素面）長 135 cm寬 95 cm
D 形扣環（3 cm）2 個
車縫線（米色）
●完成尺寸 長 45 cm × 寬 30 cm（底側）× 厚 6 cm

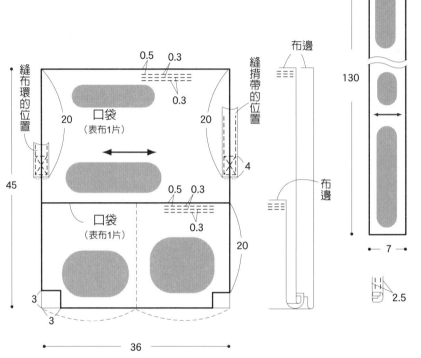

布環
（表布1片）
裁剪
12.5
7

D形扣環
2.5
9
1
2.5

針趾幅度
＝
0.2

揹帶
（表布1片）
裁剪
130
7
2.5

表布的裁剪圖

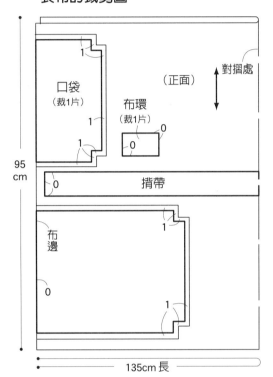

口袋
（裁1片）
1 1 1

布環
（裁1片）
0 0

（正面）
對摺處

揹帶
0

布邊
0 1

95
cm

135cm 長

縫布環的位置
0.5 0.3
0.3
20
口袋
（表布1片）
縫揹帶的位置
20
4
45
口袋
（表布1片）
0.5 0.3
0.3
20
3
3
36

布邊
布邊
2.5

作法

1. 縫製口袋並縫上

2. 縫合脇邊、底線

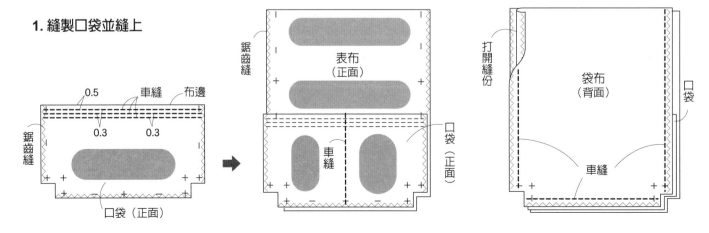

鋸齒縫
0.5
車縫
布邊
0.3 0.3
鋸齒縫
口袋（正面）

鋸齒縫
表布
（正面）
車縫
口袋
（正面）

打開縫份
袋布
（背面）
車縫
口袋

3. 縫襠布（側邊底部）

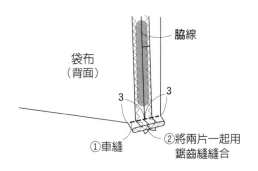

肋線

袋布
（背面）

3　　3

①車縫

②將兩片一起用
鋸齒縫縫合

5. 縫製揹帶

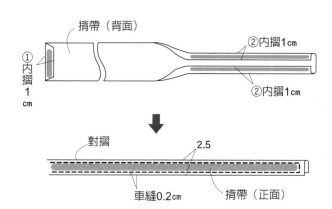

揹帶（背面）

①內摺1cm

②內摺1cm

②內摺1cm

對摺

2.5

車縫0.2cm

揹帶（正面）

4. 縫合袋口

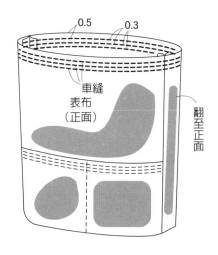

0.5　　0.3

車縫

表布
（正面）

翻至正面

6. 縫製布環

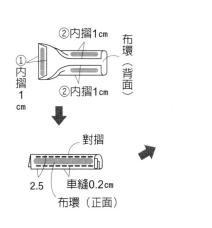

②內摺1cm

布環
（背面）

①內摺1cm

②內摺1cm

①穿上D形扣環

②車縫

2.5

布環

內摺1cm

對摺

2.5

車縫0.2cm

布環（正面）

7. 縫上揹帶、布環

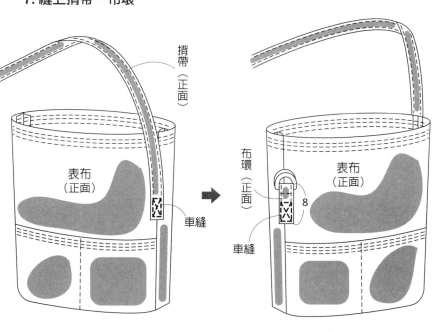

揹帶
（正面）

表布
（正面）

車縫

布環
（正面）

8

表布
（正面）

車縫

8. 將揹帶穿過 D 形扣環

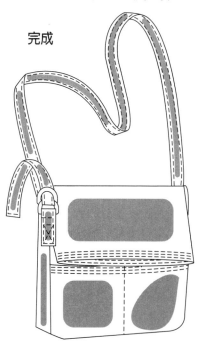

完成

■作品**42** 的材料■
A 布（亞麻鋪棉布、素面）長 95 ㎝ 寬 40 ㎝
B 布（亞麻布、素面）長 110 ㎝ 寬 35 ㎝
膠布襯 少許
拉鏈 25 ㎝ 1 條
圓形扣環（內徑 3 ㎝） 2 個
●完成尺寸 長 30 ㎝ × 寬 23 ㎝ × 厚 1.5 ㎝

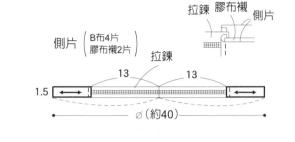

側片（B布4片 膠布襯2片）拉鍊
拉鍊 膠布襯 側片
1.5　13　13
∅（約40）

揹帶
（B布3片）
裁剪
97
10
4

膠布襯
B布
A布
針趾幅度＝0.3

A 布的裁剪圖

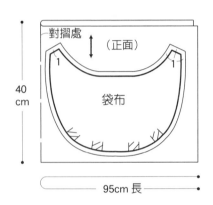

對摺處 （正面）
1　1
40 ㎝
袋布
95cm 長

2.5　2.5
1　1
2　7　2
5　5　∅
30
袋布（A布2片）
7.5　7.5
3　3
3　4　4　3
40

B 布的裁剪圖

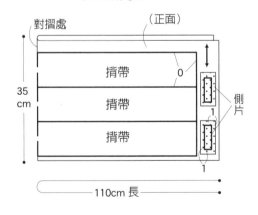

對摺處 （正面）
揹帶　0
35 ㎝
揹帶
揹帶
側片
0　1　1
110cm 長

作法

1. 將拉鍊縫在側片上

裡側片（正面）
車縫
拉鍊（正面）
表側片（背面）

↓

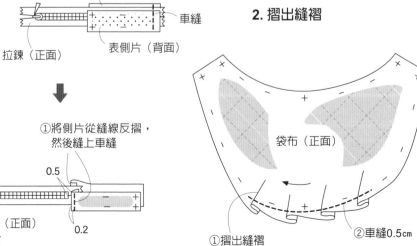

= 燙貼膠布襯的位置

表側片（正面）0.5
①將側片從縫線反摺，然後縫上車縫
0.5
拉鍊（正面）
0.2
②以相同方式縫上側片

2. 摺出縫褶

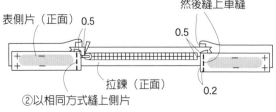

袋布（正面）
①摺出縫褶
②車縫0.5cm

3. 縫製揹帶

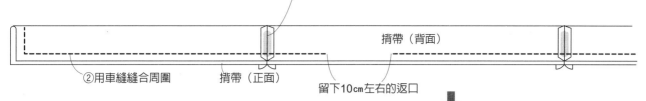

①縫合後將縫份打開

揹帶（背面）

揹帶（正面）

②用車縫縫合周圍

留下10㎝左右的返口

車縫0.2㎝

翻至正面

揹帶（正面）

4. 將側片、拉鍊縫到袋布上

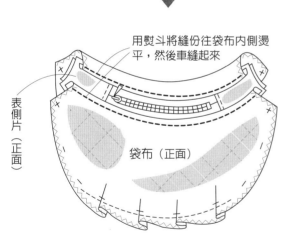

車縫

拉鍊（背面）

裡側片（正面）

袋布（正面）

※以相同方式縫製另一面

用熨斗將縫份往袋布內側燙平，然後車縫起來

表側片（正面）

袋布（正面）

5. 縫合表布的脇邊、底線

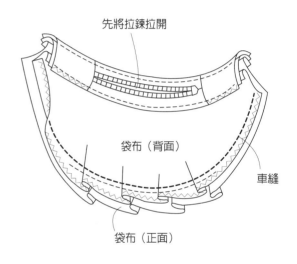

先將拉鍊拉開

袋布（背面）

車縫

袋布（正面）

7. 將揹帶穿過圓形扣環，並在單邊打結

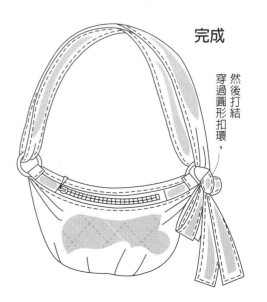

完成

然後打結穿過圓形扣環，

6. 套上圓形扣環

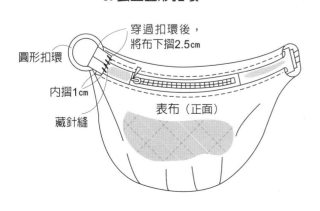

穿過扣環後，將布下摺2.5㎝

圓形扣環

內摺1㎝

藏針縫

表布（正面）

A、B 布的裁剪圖

■**作品 43 的材料**■

A 布（11 號雙面帆布、素面＆圓點圖案）
　　　 長 1m35 cm 寬 108 cm
皮革提把（粗 1.2 cm × 長 48 cm）1 組
鈕扣線（褐色）
●完成尺寸 長 36 cm × 寬 38 cm（底側）× 厚 14 cm
● B 布使用 A 布的內裡。

製圖

提把（皮革提把1組）

粗1.2cm

48

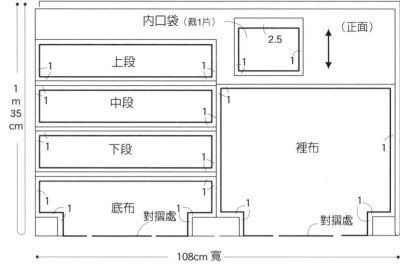

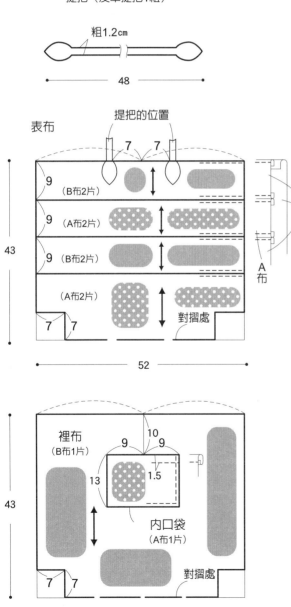

表布

提把的位置

7　7

9　（B布2片）

9　（A布2片）

9　（B布2片）

（A布2片）

43

7　7

52

對摺處

針趾幅度 = 0.2

B布

A布

裡布
（B布1片）

9　10　9

13　1.5

內口袋
（A布1片）

43

7　7

對摺處

52

作法

1. 縫合拼接線

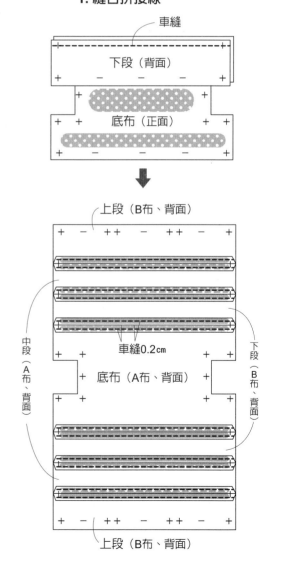

2. 縫合表布的脇邊

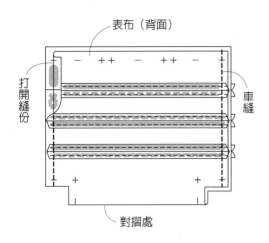

表布（背面）

打開縫份

車縫

對摺處

3. 縫製內口袋並縫上

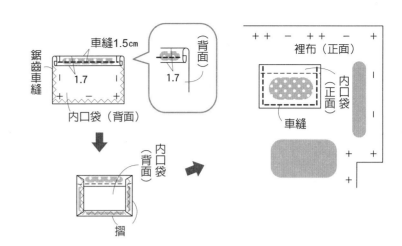

鋸齒車縫

車縫1.5cm

（背面）

1.7

1.7

內口袋（背面）

內口袋（背面）

摺

裡布（正面）

內口袋（正面）

車縫

4. 縫合裡布的脇邊

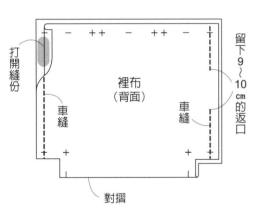

打開縫份

車縫

裡布（背面）

車縫

留下9～10cm的返口

對摺

5. 縫襠布（側邊底部）

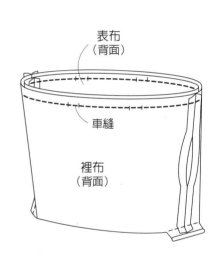

脇線

表布（背面）

7　7

車縫

※以相同方式縫製裡布

6. 縫合表布與裡布

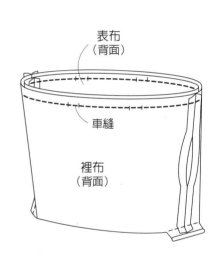

表布（背面）

車縫

裡布（背面）

7. 翻至正面、用藏針縫縫合返口

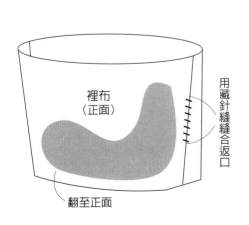

裡布（正面）

用藏針縫縫合返口

翻至正面

8. 縫合袋口

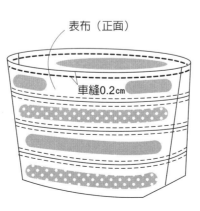

表布（正面）

車縫0.2cm

9. 縫上提把

完成

縫上提把（鈕扣線2線一股）

■作品 **44** 的材料■

A 布（棉布、條紋圖案）長 1m 50 ㎝寬 95 ㎝
B 布（棉布、條紋圖案）長 1m 寬 100 ㎝
●完成尺寸 長 36 ㎝ × 寬 48 ㎝ × 厚 22 ㎝

繩帶
（A布2片）

裁剪

35

1

4

A 布的裁剪圖

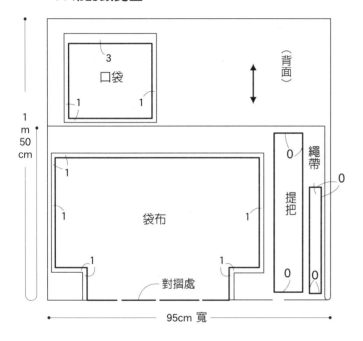

1
m
50
cm

3
口袋

1   1

（背面）

1

1   袋布   1

1   1

對摺處

繩帶

0   0

提把

0   0

0

95cm 寬

B 布的裁剪圖

1
m

1

1

袋布

1

1   1

對摺處

正面

內口袋
（裁1片）

2.5

1   1

100cm 寬

製圖

提把（A布2片）

10   裁剪

針趾幅度 = 0.2

53

2.5
0.2

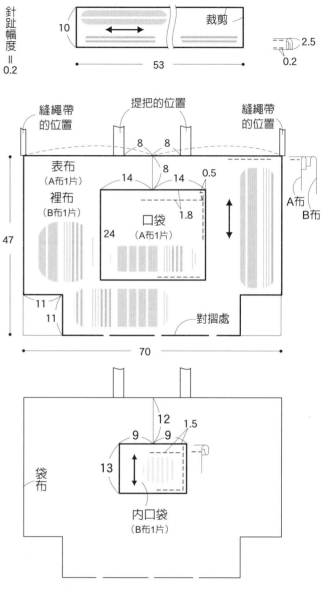

縫繩帶
的位置   提把的位置   縫繩帶
的位置

8   8
8
14   14   0.5
1.8

表布
（A布1片）
裡布
（B布1片）   口袋
（A布1片）

47   24

A布
B布

11
11   對摺處

70

袋布

12   1.5
9   9
13
內口袋
（B布1片）

作法

1. 縫製內口袋並縫上

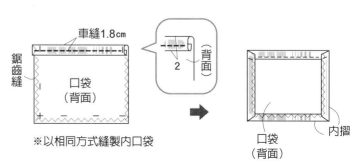

車縫1.8cm

鋸齒縫

口袋
（背面）

2
（背面）

口袋
（背面）

內摺

※以相同方式縫製內口袋

2. 縫上口袋、內口袋

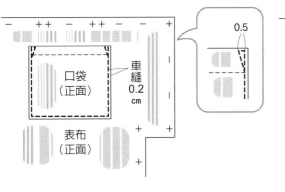

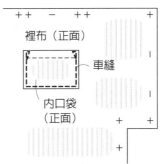

0.5

口袋（正面）

車縫 0.2 cm

表布（正面）

3. 縫合表布的脇邊

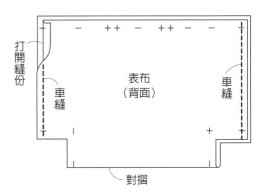

裡布（正面）

車縫

內口袋（正面）

打開縫份

車縫

表布（背面）

車縫

對摺

4. 縫合裡布的脇邊

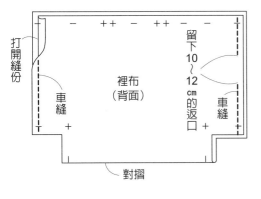

打開縫份

車縫

裡布（背面）

留下10～12cm的返口

車縫

對摺

5. 縫襠布（側邊底部）

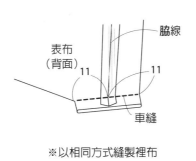

脇線

表布（背面）

11

11

車縫

※以相同方式縫製裡布

7. 縫合表布與裡布

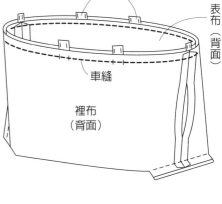

將提把夾在中間

表布（背面）

車縫

裡布（背面）

6. 縫製提把、繩帶

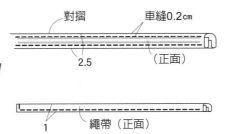

提把（背面）

內摺2.5cm

內摺2.5cm

對摺

車縫0.2cm

2.5

（正面）

1

繩帶（正面）

※以相同方法縫製繩帶布

8. 翻至正面、用藏針縫縫合返口

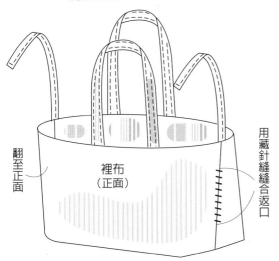

翻至正面

裡布（正面）

用藏針縫縫合返口

9. 縫合袋口

完成

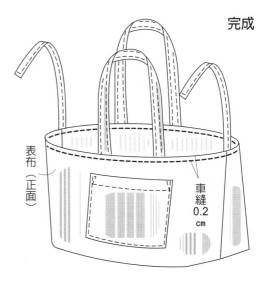

表布（正面）

車縫 0.2 cm

製圖

■作品 **45** 的材料■
A 布（棉布、條紋圖案）長 30 ㎝寬 20 ㎝
B 布（亞麻布、素面）長 40 ㎝寬 40 ㎝
拉鍊 12 ㎝ 1 條
●完成尺寸 長 13 ㎝ × 寬 13 ㎝ × 高 13 ㎝

滾邊（B 布、針趾幅度＝0.2）寬＝1

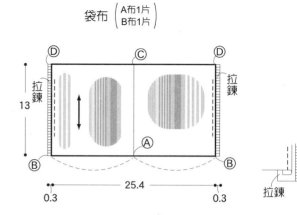

袋布（A布1片 / B布1片）

拉鍊
拉鍊
13
25.4
0.3　0.3
Ⓐ Ⓑ Ⓒ Ⓓ

作法

1. 縫上拉鍊

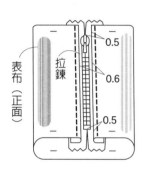

表布（正面）
拉鍊
0.5
0.6
0.5

2. 縫上裡布

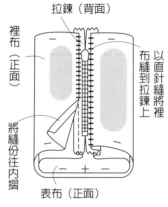

拉鍊（背面）
裡布（正面）
以直針縫將裡布縫到拉鍊上
將縫份往內摺
表布（正面）

3. 縫合下端

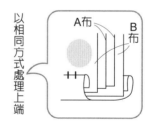

裡布（正面）
對齊Ⓐ與Ⓑ
Ⓑ
Ⓐ
車縫

2. 縫合上端

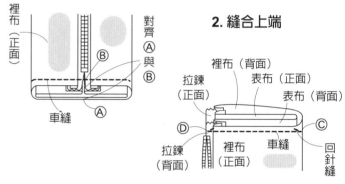

裡布（背面）
表布（正面）
表布（背面）
拉鍊（正面）
Ⓓ
Ⓒ
拉鍊（背面）
裡布（正面）
車縫
回針縫

4. 用滾邊處理縫份

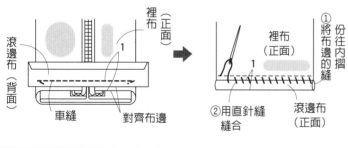

裡布（正面）
滾邊布（背面）
1
車縫
對齊布邊

→

裡布（正面）
①將布邊的縫份往內摺
1
②用直針縫縫合
滾邊布（正面）

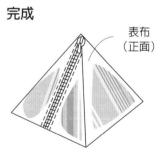

A布
B布
以相同方式處理上端

完成

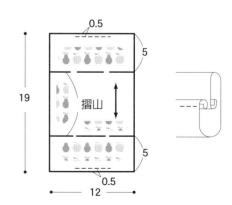

表布（正面）

製圖

■作品 **5**、作品 **47** 的材料■（一件作品的材料）
A 布（No.5 棉麻帆布、水果圖案；
　　　No.47 棉質法蘭絨、花朵圖案）長 25 ㎝寬 15 ㎝
●完成尺寸 長 19 ㎝ × 寬 12 ㎝

袋布（A布1片）
0.5
5
19
摺山
5
0.5
12

※製圖上的數字不包含縫份，請先加上1㎝的縫份，然後再裁剪布片。

製圖

■**作品 34 的材料**■
A 布（棉麻混紡布、素面）長 25 ㎝ 寬 15 ㎝
B 布（棉布混紡布、花朵圖案）長 25 ㎝ 寬 15 ㎝
拉鍊 20 ㎝ 1 條
●完成尺寸 長 19 ㎝ × 寬 6 ㎝ × 厚 2 ㎝
■**作品 48 的材料**■
A 布（11 號雙面帆布、素面＆圓點圖案）
　　　 長 25 ㎝ 寬 25 ㎝
拉鍊 20 ㎝ 1 條
●完成尺寸 長 19 ㎝ × 寬 6 ㎝ × 厚 2 ㎝
● B 布使用 A 布的背面。

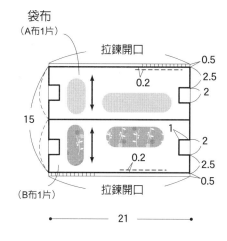

袋布
（A布1片）
拉鍊開口
0.5
2.5
2
0.2
15
1
2
2.5
0.2
0.5
（B布1片）
拉鍊開口
21

作法

1. 縫上拉鍊

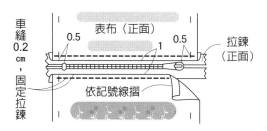

車縫 0.2 ㎝，固定拉鍊
表布（正面）
0.5　　1　　0.5
拉鍊（正面）
依記號線摺

2. 縫合底部

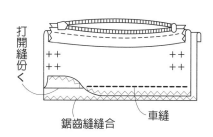

打開縫份
鋸齒縫縫合
車縫

3. 縫合兩端

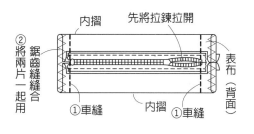

內摺
先將拉鍊拉開
②將兩片一起用鋸齒縫縫合
表布（背面）
①車縫　　內摺　　①車縫

4. 縫襠布（側邊）

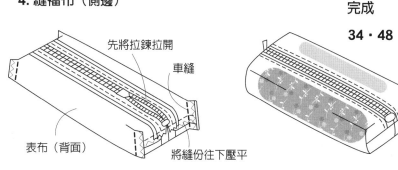

先將拉鍊拉開
車縫
表布（背面）
將縫份往下壓平

完成

34・48

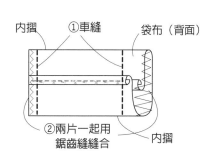

作法

1. 縫合袋口

0.5　三折後車縫
0.7
袋布（背面）
三折後車縫

2. 縫合兩端

內摺
①車縫
袋布（背面）
②兩片一起用鋸齒縫縫合
內摺

完成

5・47

※製圖上的數字不包含縫份，請先加上1㎝的縫份，然後再裁剪布片。

■作品3的材料■

A 布（燈芯絨、素面）長 30 cm寬 25 cm
B 布（棉布、格紋圖案）長 25 cm寬 15 cm
膠布襯 長 25 cm寬 15 cm
蕾絲 A 長 30 cm寬 1.2 cm
蕾絲 B 長 30 cm寬 1.5 cm
鈕扣 直徑 1.1 cm 1 個
●完成尺寸 長 11 cm × 寬 9 cm（袋口）
● A 布往同一方向裁剪布片。

■作品46的材料■

A 布（棉布、織紋圖案）長 30 cm寬 25 cm
B 布（亞麻布、素面）長 25 cm寬 15 cm
膠布襯 長 25 cm寬 15 cm
蕾絲 長 30 cm寬 1.8 cm
鈕扣 直徑 1.1 cm 1 個
●完成尺寸 長 11 cm × 寬 9 cm（袋口）

原寸紙型

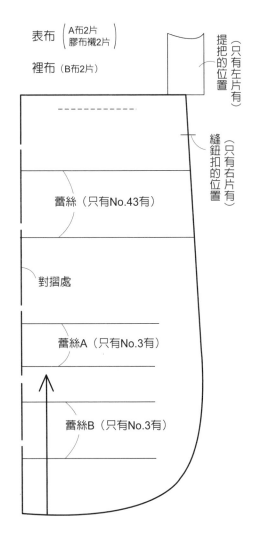

表布（A布2片 / 膠布襯2片）

裡布（B布2片）

提把的位置（只有左片有）

縫鈕扣的位置（只有右片有）

蕾絲（只有No.43有）

對摺處

蕾絲A（只有No.3有）

蕾絲B（只有No.3有）

作法

1. 縫上蕾絲

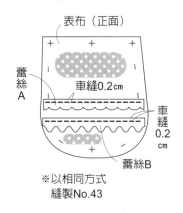

表布（正面）

蕾絲 A

車縫0.2cm

車縫 0.2 cm

蕾絲B

※以相同方式
縫製No.43

2. 縫合表布

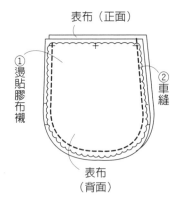

表布（正面）

① 燙貼膠布襯

② 車縫

表布（背面）

3. 縫合裡布

裡布（正面）

留下5～6cm的返口

裡布（背面）

4. 裁剪提把布、縫製成提把

裁剪提把布

裁剪

4

22

（A布1片）

提把（正面）

① 內摺 1 cm

② 內摺

② 內摺

1

提把（正面）

對摺

車縫0.2cm

（正面）

2　開鈕扣孔

5. 縫合表布與裡布

車縫

將提把夾在中間

表布（背面）

裡布（背面）

6. 翻至正面、用藏針縫縫合返口

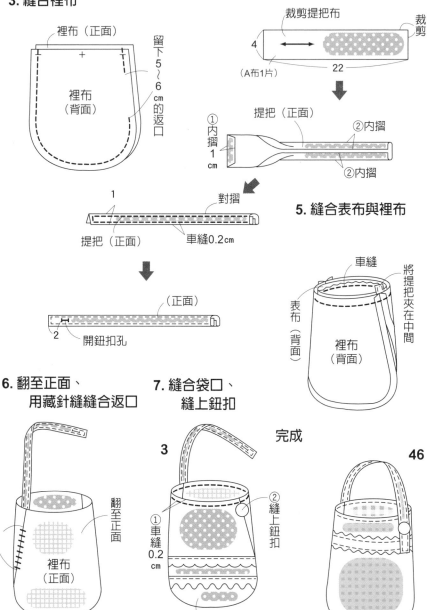

用藏針縫縫合返口

翻至正面

裡布（正面）

3

7. 縫合袋口、縫上鈕扣

① 車縫 0.2 cm

② 縫上鈕扣

表布（正面）

完成

46

初版一刷／98年5月　二刷／99年1月